제3판

소재를 중심으로 한

화장품학

김동욱 지음

자유아카데미

머리말

오늘날 화장품에 대한 관심은 전 세계적으로 증가하고 있으며, 전공학생들뿐만 아니라 인문사회 계열 학생들도 많은 관심을 보이고 있다. 그러나 이런 추세에 비해 화장품 소재가 잘 설명되어 있는 화장품 교재는 부족한 편이다. 필자는 인제대 제약공학과에서 10년 이상 화장품학을 강의해 온 경험을 바탕으로 보다 전문적인 교재의 필요성을 느껴 이 책을 출간하기로 결심하였다.

이 책의 특징은 다음과 같다. 우선 다른 화장품 교재에 비해 피부와 피부질환에 대해 좀 더 심도 있게 다루었다. 화장품도 결국 사람의 피부에 바르는 것이므로 피부 및 피부질환에 대한 지식은 화장품 제조만큼이나 중요하다. 일례로 국내외 화장품 기업들도 많은 연구 비중을 피부 관련 연구에 핵심을 두고 있을 정도이다. 그러나 화장품 관련 전공자들은 화장품 제조에만 집중한 나머지 이 부분을 소홀히 하는 경향이 있다.

또한 대학의 전공학과나 개인 차원에서 구입할 수 있는 간단한 재료들을 위주로 하여 화장품의 제형을 제공하고 있다. 이를 통해 실습을 수행하고, 화장품 제조의 기본적인 원리를 배울 수 있게 구성하였다.

마지막으로 각 장의 끝부분에는 연습문제를 제시하여 해당 장에서 배운 개념들을 복습할 수 있게 하였다.

필자는 강의 시에 이론적인 내용이 딱딱하게 느껴지지 않도록 전공 관련 일화들을 학생들에게 소개하곤 하는데, 이 책에서도 화장품과 관련한 다양한 일화와 자료들을 소개함으로써 학생들이 보다 재미있게 화장품학을 공부할 수 있도록 배려하였다.

이 책에서 사용한 실험 자료들은 모두 인제대 제약공학과 화장품 소재 개발 연구실에서 대학원생들이 직접 실험한 결과들이다.

이번 제3판에서는 각 화합물에 대한 화학구조를 분명히 밝혔으며 설명을 위한 그림들도 추가하였다. 또한 1장의 화장품 시장 현황을 최신 자료로 업데이트했으며, 최근 트렌드를 반영해 3.5 피부암과 10.9 굴절률 측정 절을 추가하였다. 이와 함께

7.8절의 기준 및 시험방법을 보완하고, 연습문제도 보다 풍부하게 추가하였다.

좋은 책을 위해 최선을 다했지만 부족한 부분이 있을 수 있다. 이 점은 양해를 바라며 출간 후 나올 수 있는 수정사항 등은 자유아카데미 홈페이지(www.freeaca.com) 자료실에 제공할 예정이니 참고하기를 바란다.

마지막으로 책이 출간되기까지 많은 도움을 주신 자유아카데미 관계자들에게 감사의 마음을 전하며, 항상 내게 힘을 주는 아내와 아이들 그리고 부모님께 이 책을 헌정하고자 한다. 이 책을 통하여 화장품 소재에 대한 지식이 보다 확산되어 국내 화장품 산업이 계속 발전하기를 기대한다.

2026년 1월

김동욱

차례

1장 화장품 소개

2장 피부

3장 피부질환

7장 기능성화장품 소재 및 시험법

8장 화장품의 안전성, 안정성시험

9장 새로운 화장품 소재 개발

10장 화장품 분석시험

11장 화장품 관련 법령

12장 화장품 제조

부록

1장

화장품 소개

1.1 화장품의 정의

화장품이란 화장품법(법률 제20767호, 2025. 1. 31 일부 개정) 제2조 1항에 따라 다음과 같이 정의된다.

> "화장품"이란 인체를 청결 · 미화하여 매력을 더하고 용모를 밝게 변화시키거나 피부 · 모발의 건강을 유지 또는 증진하기 위하여 인체에 바르고 문지르거나 뿌리는 등 이와 유사한 방법으로 사용되는 물품으로서 인체에 대한 작용이 경미한 것을 말한다. 다만, 「약사법」 제2조제4호의 의약품에 해당하는 물품은 제외한다.

즉, 화장품은 미용 효과를 증진하는 것이 목적이고 인체에 대한 효력은 크지 않아야 된다. 이것이 의약품과 대비되는 중요한 사항이다. 의약품은 치료 효과가 주목적이지만 화장품은 치료 효과가 아닌 용모개선과 예방 효과에 주안점을 둔다. 따라서 인체에 대한 작용이 매우 강하여 치료 효과가 높은 제품은 화장품이 아닌 의약품에 해당된다.

화장품법 제2조 2항에는 기능성화장품이 다음과 같이 정의되고 있다.

> "기능성화장품"이란 화장품 중에서 다음 각 목의 어느 하나에 해당되는 것으로서 총리령으로 정하는 화장품을 말한다.
>
> 가. 피부의 미백에 도움을 주는 제품
> 나. 피부의 주름개선에 도움을 주는 제품
> 다. 피부를 곱게 태워주거나 자외선으로부터 피부를 보호하는 데에 도움을 주는 제품
> 라. 모발의 색상 변화 · 제거 또는 영양공급에 도움을 주는 제품
> 마. 피부나 모발의 기능 약화로 인한 건조함, 갈라짐, 빠짐, 각질화 등을 방지하거나 개선하는 데에 도움을 주는 제품

이 중 전통적으로 우리나라에서는 가, 나, 다 항만을 기능성화장품으로 인정하였으나 최근 라, 마 항이 추가되었다. 국가마다 기능성화장품의 인정범위는 서로 다르다. 대표적으로 미국의 경우에는 기능성화장품(Cosmeceutical)은 법적으로 그

범위가 지정되어 있지 않아서, 기능성을 가진 화장품이라 할지라도 일반화장품으로 판매되고 있다. 반면 유럽에서는 기능성화장품의 범위를 폭넓게 인정하는 경향이 높다.

화장품법 시행규칙(총리령 제2043호, 2025. 8. 1., 일부개정) 제2조에는 기능성 화장품의 범위를 좀 더 구체적으로 정의하고 있다.

> 제2조(기능성화장품의 범위) 「화장품법」(이하 "법"이라 한다) 제2조제2호 각 목 외의 부분에서 "총리령으로 정하는 화장품"이란 다음 각 호의 화장품을 말한다.
>
> 1. 피부에 멜라닌색소가 침착하는 것을 방지하여 기미 · 주근깨 등의 생성을 억제함으로써 피부의 미백에 도움을 주는 기능을 가진 화장품
> 2. 피부에 침착된 멜라닌색소의 색을 엷게 하여 피부의 미백에 도움을 주는 기능을 가진 화장품
> 3. 피부에 탄력을 주어 피부의 주름을 완화 또는 개선하는 기능을 가진 화장품
> 4. 강한 햇볕을 방지하여 피부를 곱게 태워주는 기능을 가진 화장품
> 5. 자외선을 차단 또는 산란시켜 자외선으로부터 피부를 보호하는 기능을 가진 화장품
> 6. 모발의 색상을 변화[탈염(脫染) · 탈색(脫色)을 포함한다]시키는 기능을 가진 화장품. 다만, 일시적으로 모발의 색상을 변화시키는 제품은 제외한다.
> 7. 체모를 제거하는 기능을 가진 화장품. 다만, 물리적으로 체모를 제거하는 제품은 제외한다.
> 8. 딜모 증상의 완화에 도움을 주는 화장품. 다만, 코팅 등 물리적으로 모발을 굵게 보이게 하는 제품은 제외한다.
> 9. 여드름성 피부를 완화하는 데 도움을 주는 화장품. 다만, 인체세정용 제품류로 한정한다.
> 10. 피부장벽(피부의 가장 바깥쪽에 존재하는 각질층의 표피를 말한다)의 기능을 회복하여 가려움 등의 개선에 도움을 주는 화장품
> 11. 튼살로 인한 붉은 선을 엷게 하는 데 도움을 주는 화장품

기능성화장품에 대한 구체적인 사항은 7장에서 보다 자세하게 다루고 있다. 또한 화장품법이 최근 새로이 개정되면서 천연화장품, 유기농화장품, 맞춤형화장품의 정의가 추가되었다.

천연화장품은 동식물 및 그 유래 원료 등을 함유한 화장품으로서 식품의약품안전처장이 정하는 기준에 맞는 화장품을 말하며, 중량 기준으로 천연 함량이 전체

제품에서 95% 이상으로 구성되어야 한다.

유기농화장품이란 유기농원료, 동식물 및 그 유래 원료 등을 함유한 화장품으로서 식품의약품안전처장이 정하는 기준에 맞는 화장품을 말하며, 중량 기준으로 유기농 함량이 전체 제품에서 10% 이상이어야 하며, 유기농 함량을 포함한 천연 함량이 전체 제품에서 95% 이상으로 구성되어야 한다.

"맞춤형화장품"이란 다음 각 목의 화장품을 말한다.(맞춤형화장품조제관리사의 국가자격시험에 대한 구체적인 내용은 https://license.korcham.net/co/examguide03.do?cd=0202&mm=34를 참조)

가. 제조 또는 수입된 화장품의 내용물에 다른 화장품의 내용물이나 식품의약품안전처장이 정하는 원료를 추가하여 혼합한 화장품

나. 제조 또는 수입된 화장품의 내용물을 소분(小分)한 화장품. 다만 고형비누 등 총리령으로 정하는 화장품의 내용물을 단순 소분한 화장품은 제외한다.

화장품과 관련된 법적 체계는 화장품법-화장품법 시행령-화장품법 시행규칙-식품의약품안전처 고시-식품의약품안전처 가이드라인으로 나타낼 수 있다. 앞으로 갈수록 상위규정이고 보다 포괄적인 사항을 담고 있으며, 뒤로 갈수록 보다 구체적인 사항에 대해 언급하고 있다(11장 참조). 이러한 체계는 약사법에서도 마찬가지이다.

1.2 국내외 화장품 시장 현황

2024년 한국보건산업진흥원에서 발간한 보건산업통계집을 바탕으로 국내 및 세계 화장품 시장 현황을 소개하고자 한다.

2022년 국내 화장품의 생산실적은 13조 6000억원 정도이며 전세계 7위의 큰 시장규모를 자랑한다(표 1.1, 1.2). 국내 화장품사업장은 1,751개이며 36,000명 정도의 인원을 고용하고 있다(표 1.3).

표 1.1 국내 화장품 생산업체/품목 수 (단위: 개, 억 원, %)

구분	2018	2019	2020	2021	2022	CAGR
업체 수	6,487 (11.3)	7,580 (16.8)	8,942 (18.0)	9,359 (4.7)	10,119 (8.1)	11.8
품목 수	124,560 (−1.0)	119,443 (−4.1)	120,192 (0.6)	120,044 (−0.1)	124,004 (3.3)	−0.1
생산액	155,028 (14.7)	162,633 (4.9)	151,618 (−6.8)	166,533 (9.8)	135,908 (−18.4)	−3.2

주: 1) '업체 수'는 생산실적을 보고한 책임판매업체 수
2) 괄호는 전년 대비 증감률, CAGR은 최근 5년(2018~2022) 연평균 성장률을 의미함
자료: 식품의약품안전처, 화장품 생산실적 보도자료

표 1.2 글로벌 화장품 산업 상위 20개국 시장 규모 (단위: 십억 달러, %)

순위	국가명	2018	2019	2020	2021	2022[E]		CAGR
							비중	
1	미국	75	76	73	83	89	18.9	4.4
2	중국	58	67	72	79	86	18.3	10.3
3	일본	34	35	30	29	31	6.5	−2.9
4	브라질	16	17	18	18	19	4.1	5.0
5	독일	16	17	16	16	17	3.6	1.0
6	영국	15	15	14	14	15	3.2	0.3
7	**대한민국**	**12**	**13**	**12**	**13**	**13**	**2.8**	**1.7**
8	인도	10	11	11	12	13	2.8	6.7
9	프랑스	13	13	12	12	13	2.7	−0.8
10	이탈리아	10	10	9	10	10	2.1	0.5
11	멕시코	8	8	8	8	9	1.9	4.4
12	스페인	8	8	7	8	9	1.8	1.8
13	러시아	8	8	7	8	8	1.7	1.8
14	캐나다	7	7	7	7	8	1.7	2.9
15	호주	6	6	6	7	7	1.5	4.2
16	인도네시아	5	5	6	6	7	1.4	9.2
17	태국	5	6	5	6	6	1.3	4.3
18	이란	3	3	3	5	6	1.2	23.7
19	사우디아라비아	5	5	4	5	5	1.1	1.9
20	타이완	4	4	4	4	5	1.0	1.7
기타국		78	82	78	85	95	20.2	5.0
합계		**395**	**414**	**403**	**435**	**47.0**	**100.0**	**4.4**

주: 1) 화장품 시장규모는 해당 국가의 화장품 제조 또는 판매업체의 매출액으로 산출함
2) 순위는 2022년 기준임
3) CAGR은 최근 5년(2018~2022) 연평균 성장률을 의미함
자료: 한국보건산업진흥원, Euromonitor, 2023.01 재가공

표 1.3 국내 화장품 산업 고용 현황 (단위: 명, 개, 개소, %)

구분	2018	2019	2020	2021	2022
종사자 수	35,920 (7.6)	37,118 (3.3)	36,941 (−0.5)	36,112 (−2.2)	36,149 (0.1)
신규일자리 수	452 (−6.8)	337 (−25.4)	362 (7.4)	372 (2.8)	273 (−26.6)
사업장 수	1,437 (14.4)	1,558 (8.4)	1,635 (5.0)	1,701 (4.0)	1,751 (2.9)

주: 1) 연간 수치는 해당 연도 4분기 데이터로 간주
2) 괄호는 전년 대비 증감률을 의미함
자료: 한국보건산업진흥원, 한국고용정보원 고용보험DB, 2023.09 재가공

또한 국내 화장품산업은 K뷰티 등의 이미지 도움으로 큰 폭의 무역흑자를 기록하고 있다(표 1.4). 국내 화장품회사로는 LG생활건강과 아모레퍼시픽의 두 대기업이 과점의 상황을 형성하고 있다(표 1.5).

표 1.4 국내 화장품 수출입 현황 (단위: 백만 달러, %)

구분	2018	2019	2020	2021	2022	CAGR
수출액	6,282 (26.5)	6,548 (4.2)	7,572 (15.6)	9,184 (21.3)	7,953 (−13.4)	6.1
수입액	1,290 (9.7)	1,251 (−3.1)	1,168 (−6.6)	1,305 (11.7)	1,325 (1.5)	0.7

주: 괄호는 전년 대비 증감률, CAGR은 최근 5년(2018~2022) 연평균 성장률을 의미함
자료: 1) 수출: 한국보건산업진흥원, 한국무역통계진흥원 무역통계 재가공
2) 수입: 식품의약품안전처, 화장품 생산실적 보도자료 재가공

표 1.5 국내 매출액 상위 10대 화장품 기업 (단위: 억 원, %)

순위	기업명	2018	2019	2020	2021	2022	CAGR
1	LG생활건강	40,602 (9.2)	45,370 (11.7)	44,183 (−2.6)	49,561 (12.2)	37,833 (−23.7)	−1.7
2	아모레퍼시픽	36,707 (1.2)	39,138 (6.6)	30,170 (−22.9)	34,752 (15.2)	28,745 (−17.3)	−5.9
3	코스맥스	6,794 (28.6)	7,390 (8.8)	7,654 (3.6)	8,531 (11.5)	8,540 (0.1)	5.9
4	한국콜마	8,917 (30.8)	6,875 (−22.9)	6,092 (−11.4)	6,328 (3.9)	7,246 (14.5)	−5.1

표 1.5 (계속)							
5	애경산업	6,973 (10.8)	6,981 (0.1)	5,837 (−16.4)	5,685 (−2.6)	5,898 (3.7)	−4.1
6	카버코리아	6,580 (26.5)	6,080 (−7.6)	4,644 (−23.6)	4,505 (−3.0)	4,212 (−6.5)	−10.6
7	에이피알	823 (71.0)	1,187 (44.3)	1,706 (43.7)	2,289 (34.1)	3,986 (74.2)	48.4
8	클리오	1,844 (−3.2)	2,476 (34.2)	2,111 (−14.8)	2,268 (7.5)	2,671 (17.8)	9.7
9	코스메카코리아	2,065 (30.5)	1,947 (−5.7)	1,971 (1.3)	2,174 (10.3)	2,274 (4.6)	2.4
10	에스크컴퍼니	164 (−)	914 (455.7)	1,496 (63.6)	1,563 (4.5)	1,970 (26.1)	86.0

주: 1) 순위는 2022년 기준임
2) 괄호는 전년 대비 증감률, CAGR은 최근 5년(2018~2022) 연평균 성장률을 의미함
3) 외부감사 대상 법인기업 개별 재무제표 기준
자료: 한국보건산업진흥원, NICE신용평가정보 재무정보 제공시스템 재가공

화장품의 유형별로는 기초화장품류가 압도적으로 많으며 이어서 인체세정용 제품류, 색조화장용 제품류, 두발용 제품류의 순이다(표 1.6).

표 1.6 국내 화장품 생산실적(유형별) (단위: 억 원, %)

구분	2018	2019	2020	2021	2022	CAGR
기초화장용 제품류	93,704	98,123	89,758	101,789	75,220	−5.3
인체세정용 제품류	13,481	15,786	19,025	19,905	18,184	7.8
색조화장용 제품류	23,958	21,338	16,752	17,872	16,639	−8.7
두발용 제품류	15,817	18,800	16,843	17,075	16,526	1.1
두발 염색용 제품류	2,583	2,929	3,433	3,365	2,979	3.6
눈화장용 제품류	2,857	2,950	2,959	3,220	3,184	2.7
면도용 제품류	1,213	1,283	1,242	1,356	1,064	−3.2
영·유아용 제품류 (만3세 이하 어린이용)	568	497	649	907	941	13.4
손발톱용 제품류	341	323	379	456	455	7.5
방향용 제품류	377	465	405	343	454	4.8
목욕용 제품류	90	100	127	195	209	23.5
체모 제거용 제품류	16	24	35	35	40	26.6
체취방지용 제품류	24	16	11	15	13	−14.0
총 생산액	155,028	162,633	151,618	166,533	135,908	−3.2

주: CAGR는 최근 5년(2018~2022) 연평균 성장률을 의미함
자료: 식품의약품안전처, 화장품 생산실적 보도자료

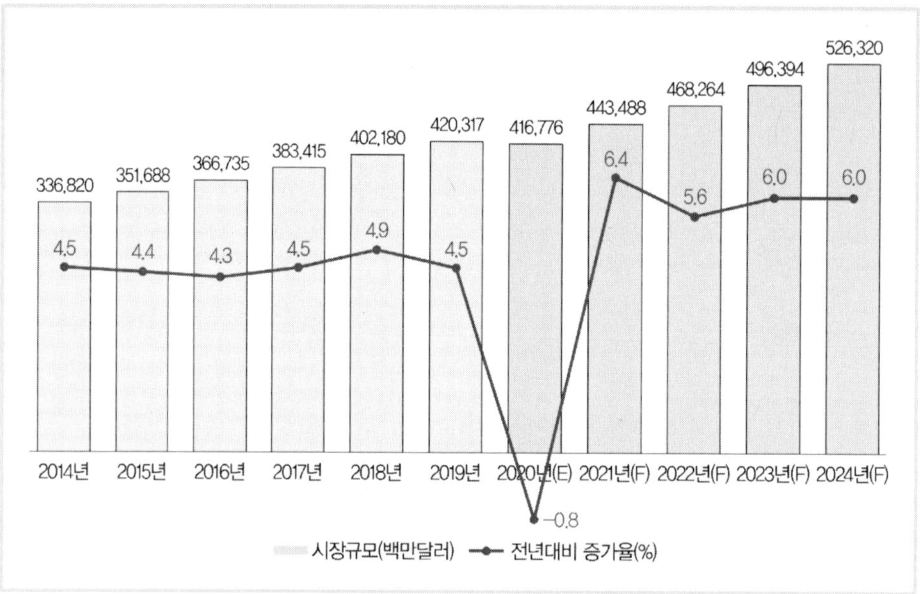

그림 1.1 세계 화장품시장규모 및 증가율

글로벌 화장품산업은 전 세계적 불황에도 불구하고 수요를 지속적으로 창출해내는 미래 유망산업으로 위상을 넓혀가고 있다. 특히 새로운 소비 트렌드 부상과 유통채널의 다양한 발전가능성으로 앞으로의 성장이 더욱 기대되는 분야이다. Euromonitor 자료에 의하면 2019년 세계 화장품 시장규모는 4,203억 달러로 전년대비 4.5% 증가했다. 2020년 코로나19로 인한 세계경제 수요 및 공급 악화로 화장품산업 성장에 큰 제약이 따를 것으로 예측되며, 특히, 중국, 한국을 제외한 대부분의 국가에서 시장규모가 둔화되는 양상을 나타낼 것으로 전망했다. 향후 유통시장의 디지털 전환, 라이브 커머스 등의 활용으로 2021년 세계 화장품 시장규모는 반등할 것으로 예상되며 2024년(5,263억 달러)까지 꾸준한 증가세를 보일 것으로 내다보고 있다(그림 1.1).

세계 최대 화장품기업은 프랑스의 로레알(LOREAL)이며 2019년 기준 334억 달러(한화 약 46조 원)의 매출을 보여주었다. 세계 100대 기업에 우리나라 화장품 기업은 4개가 있으며, 그중 국내 상위 업체 AMOREPACIFIC GROUP(아모레퍼시픽)의 매출액은 전년대비 3.7% 증가한 52억 달러로 12위를 차지하였으며, LG HOUSEHOLD & HEALTH CARE(LG생활건강)는 전년대비 20.4% 증가한 44억

표 1.7 매출액 기준 세계 100대 화장품기업 현황(2019) (단위: 억 달러, %)

순위	기업명	국가명	매출액	점유율	증가율
1	LOREAL	프랑스	334.3	14.7	10.9
2	UNILEVER	네덜란드	224.9	9.9	6.0
3	THE ESTEE LAUDER COS.	미국	159.0	7.0	12.0
4	PROCTER & GAMBLE	미국	139.0	6.1	5.1
5	SHISEIDO CO.	일본	100.9	4.4	3.5
6	COTY INC.	미국	86.5	3.8	−4.5
7	LVIVH MOET HENNESSY LOUIS VUITTON	프랑스	76.5	3.4	12.2
8	BEIERSDORF	독일	67.1	2.9	6.5
9	CHANEL LIMITED	영국	66.6	2.9	8.0
10	L BRANDS	미국	65.0	2.9	9.0
11	KAO CORP.	일본	58.9	2.6	3.4
12	AMOREPACIFIC GROUP.	한국	51.9	2.3	3.7
13	JOHNSON & JOHNSON	미국	45.9	2.0	4.8
14	LG HOUSEHOLD & HEALTH CARE	한국	43.6	1.9	20.4
71	ABLE C&C	한국	3.6	0.2	22.2
95	CLIO COSMETIC CO.LTD	한국	2.1	0.1	33.6
합계(100개사)			2,280	100.0	−

주: 1) 100대 화장품 기업의 향수, 메이크업, 스킨케어, 선케어, 헤어케어 및 데오도런트 제품류의 매출 실적을 바탕으로 순위를 매겼으며 비누, 면도기, 치약, 식이요법 제품, 의약품, 비타민 또는 세척제는 순위 집계에서 제외됨

2) 매출액은 12월 결산법인 기준이며, 그 외 결산법인은 1월~12월까지의 기간으로 조정하여 추정함

자료: Women's Wear Daily, WWD Beauty Report, 2020, 한국보건산업진흥원 재가공

달러로 14위를 기록했다(2018년 15위). ABLE C&C(에이블씨엔씨)는 전년대비 22.2% 증가한 4억 달러로 나타났으며, 작년 대비 7단계 상승한 71위를 기록했다. 새롭게 100위 안에 순위를 올린 CLIO COSMETICS(클리오)는 2억 달러로 95위를 차지하였다(표 1.7).

연습문제

1 화장품법에 따른 화장품의 정의는 무엇인가?

2 기능성화장품이란 무엇인가?

3 맞춤형화장품이란 무엇인가?

사례 노트

최초의 여성 백만장자, 헬레나 루빈스타인

헬레나 루빈스타인(Helena Rubinstein, 1870~ 1965)은 유태계 폴란드인으로 8명의 딸들 중 장녀로 태어났다. 당시 그녀가 태어난 곳은 국가의 분할로 인해 오스트리아-헝가리 제국의 일부인 상태였었다. 부모가 제안한 정략결혼을 거부한 헬레나는 1896년 호주로 이민을 갔다. 강렬한 태양으로 인해 호주에 사는 백인들의 피부 상태는 항시 좋지 않았다. 헬레나는 멜버른(Melbourne)에서 양의 피부에서 분비되는 라놀린(lanolin)을 이용하여 최초의 스킨케어 화장품을 개발하였고 이 제품은 삭삭 대단한 인기를 끌었다. 이후 그녀는 시드니에 이어 영국 런던에 뷰티 살롱을 열어 그녀가 개발한 제품들을 판매하였다.

1908년 헬레나는 폴란드 태생 미국 언론인 Edward William Titus와 결혼하였고 1912년 프랑스 파리로 이사하여 그곳에서도 뷰티 살롱을 개업하였다. 1915년 1차 세계대전 직전에는 미국 뉴욕시로 이주하여 화장품 가게를 새로이 오픈하면서 미국 시장에 본격적으로 뛰어 들었다. 그녀는 화장품 판매 전략, 기업발전 등에서 남다른 수완을 보였다. 미국 하버드대 경영대에서는 그녀의 기업 경영을 중요한 모델로서 학생들에게 가르치고 있다. 헬레나는 이후 기부재단을 설립하여 예술품을 기증하고 다양한 자선활동을 전개하였다.

헬레나는 화장품과 관련하여 유명한 명언을 몇 개 남겼다. 그중 중요한 것들은 다음과 같다.

"신제품을 출시하여 제품이 팔리지 않는다면, 가격을 왕창 올려라. 그러면 다 팔릴 것이다."

(화장품 가격이 비싼 이유 중 하나가 이 말속에 담겨 있다.)

"못난 여자는 없다, 단지 게으른 여자만 있을 뿐이다."

헬레나 루빈스타인은 화장품업계를 개척한 1세대 여인이자, 자수성가한 최초의 여성 백만장자로 오늘날까지 그녀의 이름이 세상에 회자되고 있다. 그녀는 당시 여성의 사회적 지위가 낮았음에도 불구하고 사업을 성공적으로 운영할 수 있다는 좋은 본보기를 보여주었다. 현재 헬레나 루빈스타인은 로레알 그룹의 일부로 편입되었다.

2장

피부

사람의 세포는 약 200종의 세포 종류가 약 30조 개의 네트워크로 구성된다고 알려져 있다. 피부는 크게 표피, 진피, 피하지방층으로 구성되어 있다(그림 2.1).

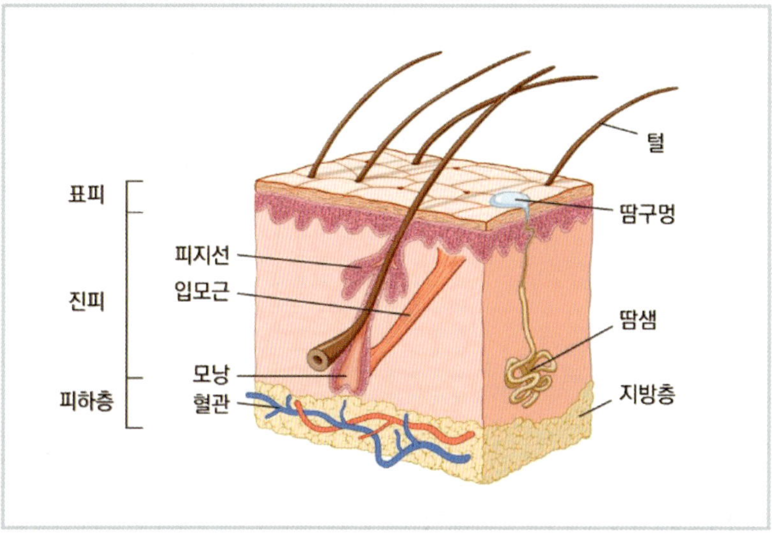

그림 2.1 피부의 구조

2.1 표피

표피(epidermis)는 인체의 가장 바깥을 구성하는 층으로서 공기와 접촉하는 각질층(stratum corneum), 그 바로 아래 투명층(stratum lucidum), 과립층(stratum granulosum), 가시층(stratum spinosum)과 가장 아래의 기저층(stratum basle)으로 구성되며 그 두께는 대략 0.1 mm 정도이다(그림 2.2).

각질층은 핵이 탈락하고 죽은 세포들인 각질세포(corneocyte)와 세포들 사이의 층을 구성하는 세포 간 지질로 구성된다(그림 2.3). 각질세포는 대부분 단단한 단백질인 케라틴(keratin)으로 채워져 있어 외부의 이물질에 대한 방어벽의 역할을 한다. 세포 간 지질은 콜레스테롤, 세라마이드(ceramide), 지방산으로 구성되며 독특한 여러층의 라멜라 구조(lamella)를 형성한다(그림 2.4). 이 세포 간 지질은 화장품을 피부에 도포 시 유용한 성분들이 라멜라층을 통하여 피부 내로 투과되는 통로 역할을 수행한다. 세포 간 지질층이 외부의 이물질이나 유전적 요인 등으로 파괴된 경우는 세균, 곰팡이의 침입이 용이해져서 여러 피부질환이 발생하게 된다. 인간의 각질층 세포 간 지질의 구성비는 표 2.1에 나타나 있다.

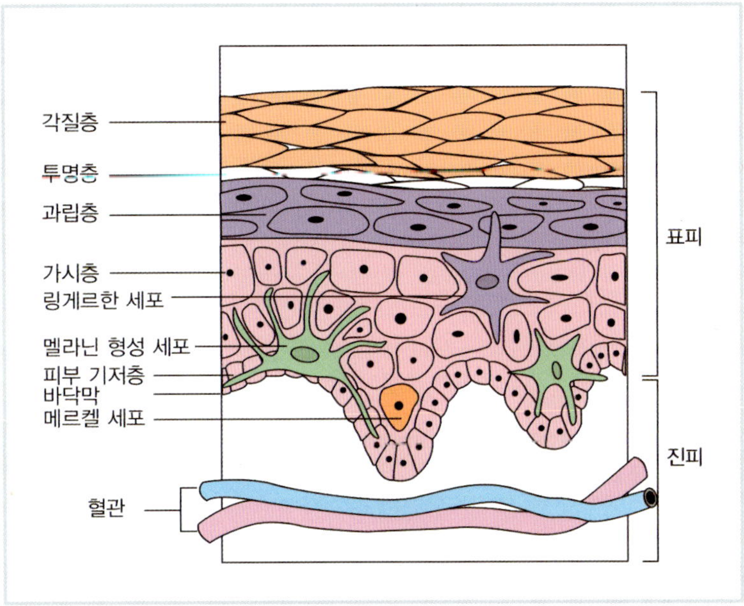

그림 2.2 표피의 구조

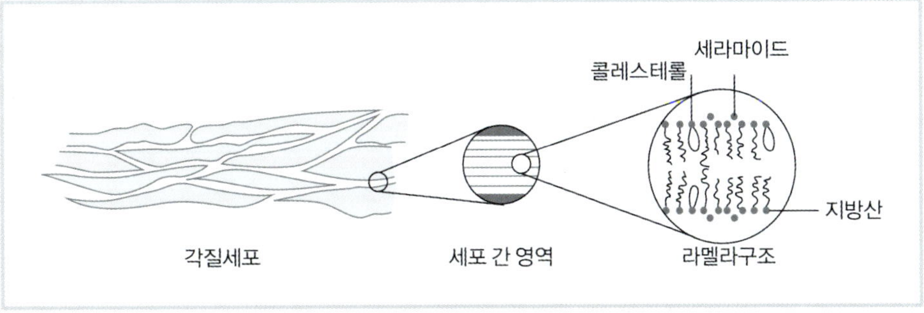

그림 2.3 각질세포와 세포 간 지질의 구성

피부의 각질층은 흔히 벽돌-몰타르 모델로 잘 표현된다. 벽돌담을 쌓을 때는 벽돌을 놓고 그 사이에 회분을 잘 섞어야 하며, 벽돌은 일직선으로 만들지 않고 어긋나게 층을 구성해야 외부의 빗물이 건물 안쪽으로 침투하지 못한다. 피부의 각질층도 마찬가지여서 각질층의 각질 형성 세포들이 단단한 층을 구성해야 하고, 이들은

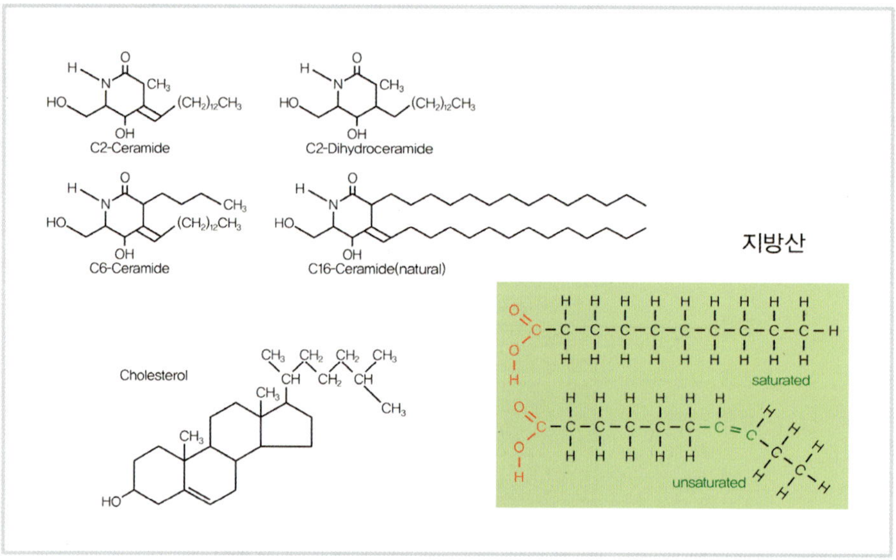

그림 2.4 세라마이드, 콜레스테롤 및 지방산의 화학구조

표 2.1 세포 간 지질의 구성 성분

지질	평균치 wt%
세라마이드	41.1
세라마이드에스터	3.8
콜레스테롤	26.9
콜레스테롤에스터	10.9
지방산	9.1
황산콜레스테롤	1.9
기타	6.4

서로 어긋나게 층을 형성해야 하며 그 사이로 세포 간 지질이 잘 배열되어야 피부의 가장 바깥층이 튼튼해져서 외부의 이물질에 대한 방어벽 역할을 잘할 수 있다.

각질층 바로 아래에는 투명층이 있으며, 이 층은 오직 손바닥, 발바닥에만 존재한다. 투명층 아래에는 과립층이 존재하며, 과립층의 세포들은 세포 내 케라토하이알린(keratohyalin) 과립을 포함하고 있으며, 이들 과립에는 케라틴 필라멘트를 묶는 역할을 하는 히스티딘(histidine)과 시스틴(cysteine)이 풍부한 단백질들로 채워져 있다. 과립층 아래에는 가시층이 존재하며, 이 층에는 마이크로필라멘트(microfilament)의 축소로 인하여 현미경으로 볼 때 작은 가시모양의 돌기를 포함

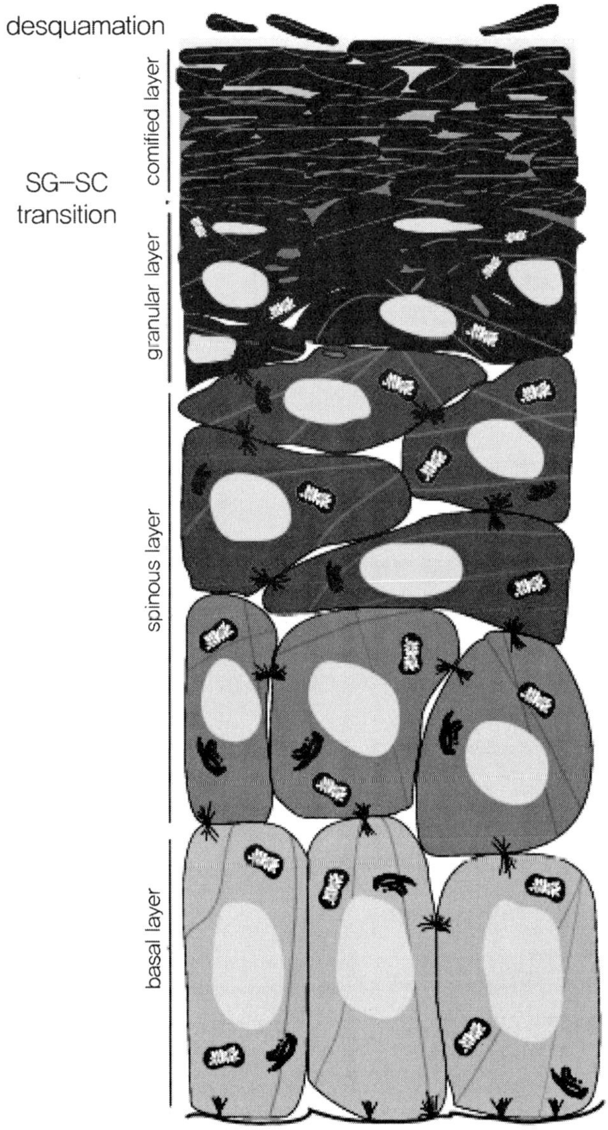

그림 2.5 각질 형성 세포의 핵소실과 각화 과정(Leopold Eckhart et. al., 2013)

하고 있다. 가시층은 표피 중에서 가장 두꺼운 층으로, 세포 간 틈새에는 림프액이 흐르고 있다. 가시층 아래에는 줄기세포인 기저층이 존재하며 이들은 새로운 세포를 계속 생산하며 이미 존재하는 세포들을 위로 연속적으로 밀어 올리는 역할을 한다. 각질형성 세포는 줄기세포에서부터 위로 밀려 올라가면서 핵이 소실되고 각질

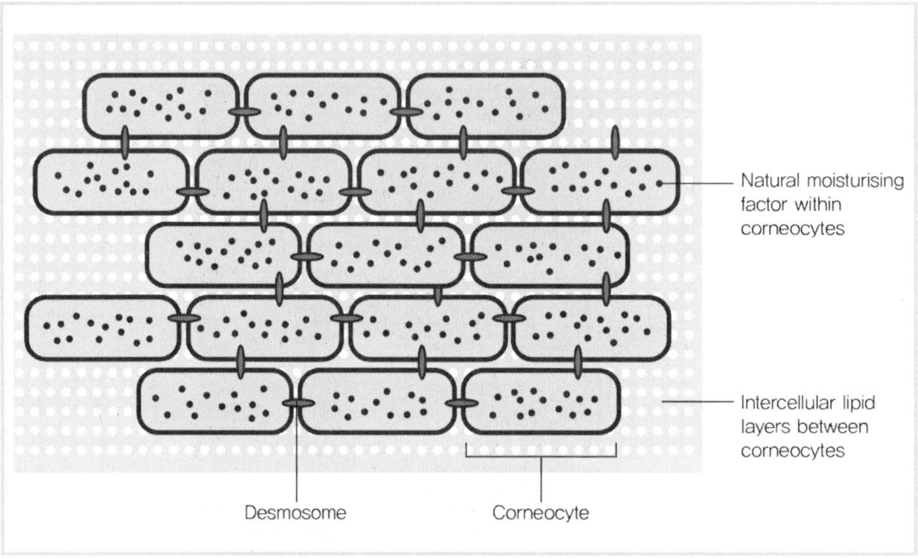

그림 2.6 각질 형성 세포의 데스모좀과 천연보습인자

이 다량 함유된 죽은 세포층이 되면서 가장 바깥의 각질층을 형성한다(그림 2.5). 줄기세포로부터 각질층의 세포가 되고 이후 피부에서 탈락되는 현상을 턴오버(turnover)라 한다. 턴오버는 나이에 따라 그 기간이 상당히 길어진다. 19~21세에는 14~21일이 소요되며, 중년에는 28일로 길어진다. 40~50대에는 40~60일, 60대 이상에서는 90일까지로 늦어진다. 이러한 턴오버 과정에 이상이 발생하여 핵이 소실되지 않으면 역시 다양한 피부질환이 발생하게 된다.

표피를 구성하는 세포로는 각질 형성 세포(keratinocyte), 멜라닌 형성 세포(melanocyte), 랑게르한스 세포(Langerhans cell)와 메르켈 세포(Merkel cell)가 있다. 각질 형성 세포는 표피 세포의 대부분인 약 90% 정도를 차지하며 기저층에서 생성되어 피부 위로 떠밀려지며 시기에 따라 세포 내 핵이 소실되고 각질(keratin)이 풍부하게 되어 인체의 튼튼한 성벽 역할을 수행하는 세포이다. 각질 형성 세포의 구조 변화는 매우 복잡하며 이 과정이 잘못되면 피부질환이 발생한다. 각질 형성 세포들 사이에는 데스모좀(desmosome)이라는 단백질이 세포들 사이를 꺽쇄 모양으로 연결한다. 따라서 표피의 세포들이 매우 가깝게 서로 붙게 되어 외부 이물질들의 침입을 방지하며 내부로부터 수분의 증발 또한 막아준다(그림 2.6). 아토피 등 피부질환이 심한 사람들에게는 종종 이 데스모좀의 구조가 파괴되어 있

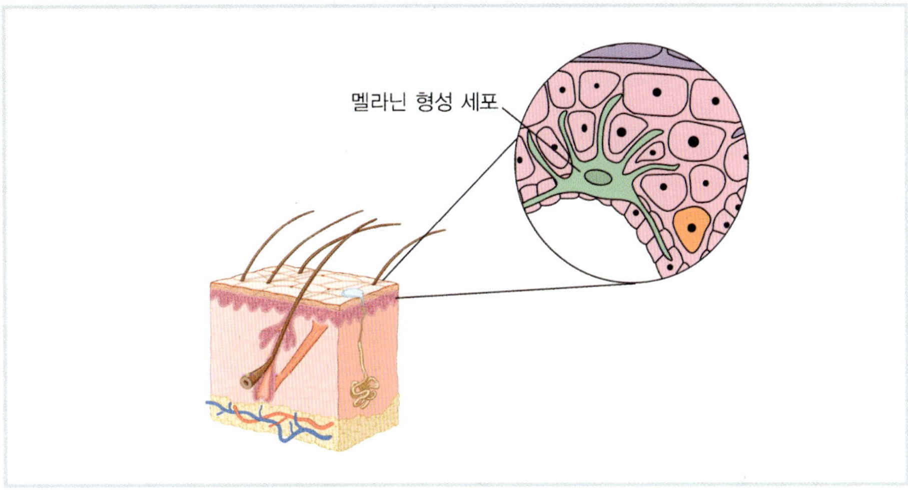

그림 2.7 표피의 멜라닌 형성 세포

는 것을 볼 수 있다.

각질 세포의 중요한 특성 중의 하나는 세포 내에 수용성 성분들인 천연보습인자(Natural Moisturizing Factor, NMF)들을 다량 함유하고 있어서 피부의 보습에 크게 기여하고 있다는 점이다. 천연보습인자들의 구성 성분은 표 2.2에 나타나 있다.

멜라닌 형성 세포는 기서층 세포 중 약 5~10% 정도를 차지하며 세포 내 멜라닌 과립에 많은 멜라닌을 포함하여 자외선으로부터 피부를 보호하는 중요한 역할을 한다(그림 2.7). 유기화학에서 콘쥬게이션 구조(conjugation, −C=C−C=C−)는 자외선 흡수능이 강한 것으로 알려져 있으며, 이러한 구조는 특히 멜라닌에서 잘 발달

표 2.2 피부의 천연보습인자의 구성 성분

성분	조성(%)
아미노산	40
피롤리돈카복실산(PCA)	12
젖산염	12
요소	7
암모니아	1.5
무기염 NA+, K^+, Ca^{2+}, Mg^{2+}, Cl^-, 인산염 등	18.5
당류, 기타	9

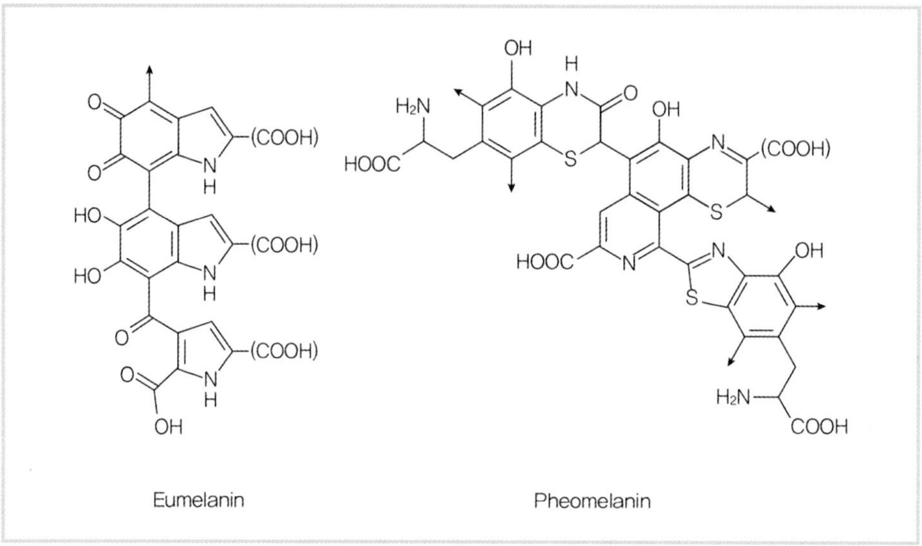

그림 2.8 유멜라닌과 페오멜라닌의 구조

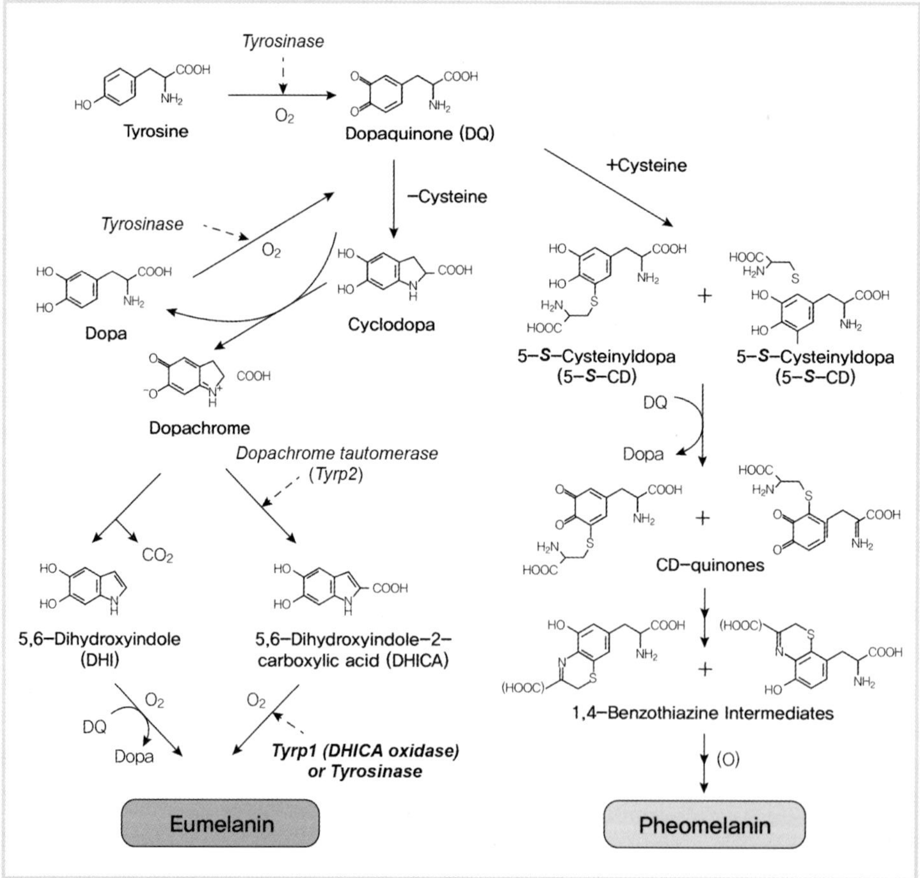

그림 2.9 멜라닌 생성과정(Melanogenesis)

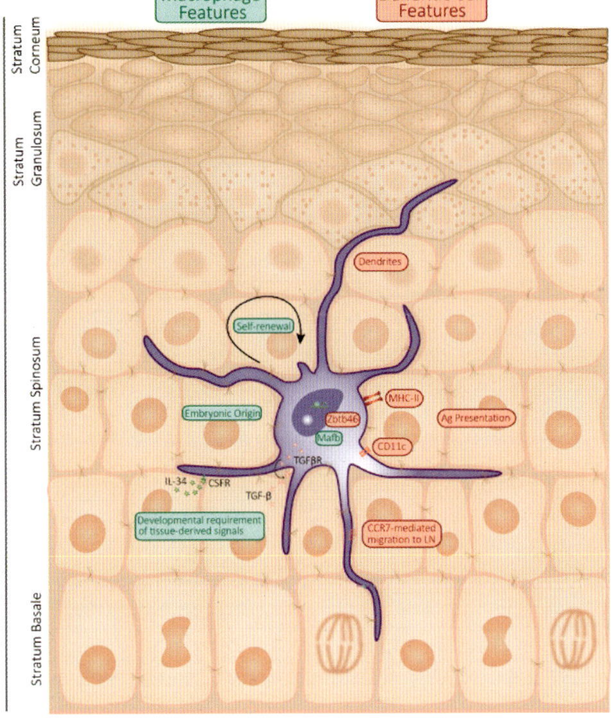

그림 2.10 랑게르한스 세포(Julie Deckers, et. al., 2018)

되어 있다. 멜라닌은 유멜라닌(eumelanin)과 페오멜라닌(pheomelanin)의 2종류가 존재하며, 유멜라닌은 갈색과 흑색을 띠나, 페오멜라닌은 분홍색이나 붉은색을 띤다. 멜라닌은 복합체를 형성하며 그 구조는 매우 복잡하다(그림 2.8). 피부에서 멜라닌이 형성되는 과정(melanogenesis)은 그림 2.9와 같다.

각 멜라닌 형성 세포들은 멜라닌을 합성한 후 이것을 주위의 세포들에 전달하여 각 세포들이 자외선으로부터 보호받을 수 있도록 한다. 멜라닌 형성 세포는 평균적으로 약 36개의 주위 세포들과 접촉하여 생성된 멜라닌을 전달한다.

랑게르한스 세포는 전체 표피세포 중 약 2~4% 정도를 차지하며 피부의 면역을 담당하는 매우 중요한 역할을 한다. 외부의 미생물들이 각질층을 뚫고 들어올 경우 랑게르한스 세포가 이들을 포획하여 인체 면역체계에 알려줌으로써 인체 방어의 1차 레이더 역할을 한다.

메르켈 세포는 인체의 감각작용에 관여하는 세포로서 감각신경과 연결되어 가벼

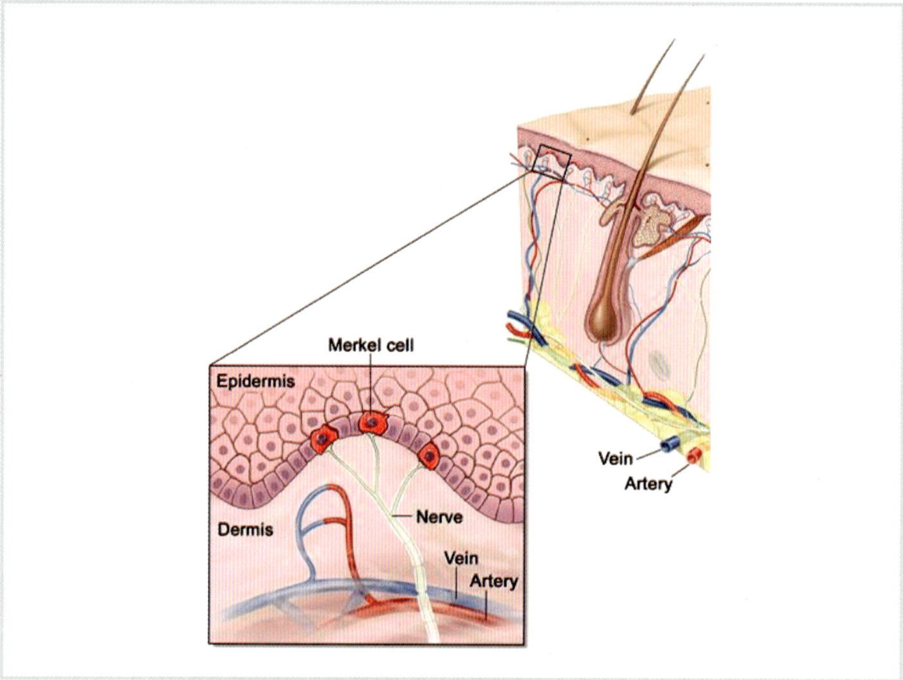

그림 2.11 메르켈 세포(NIH National Cancer Institute)

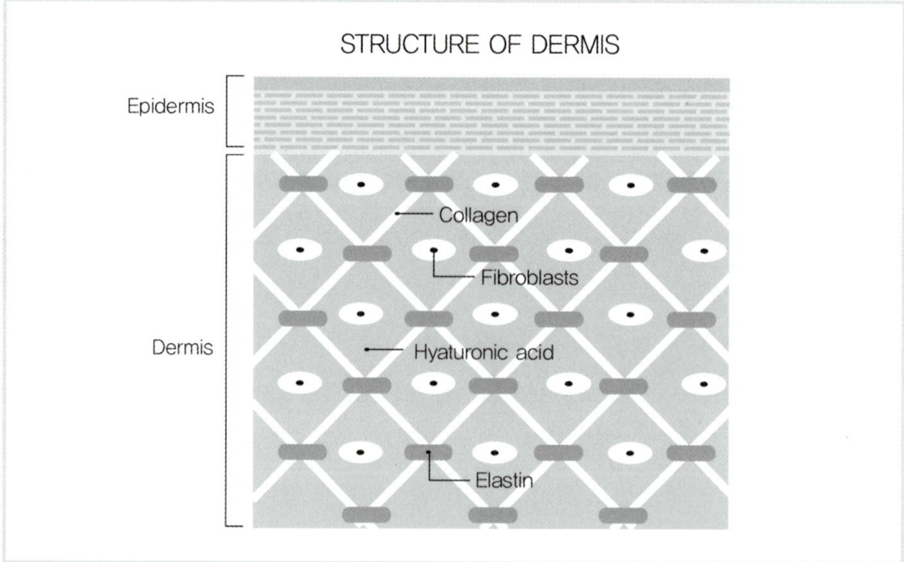

그림 2.12 표피와 진피의 구조 차이

운 촉감을 느끼는 데 관여하며 특히 손가락 등의 민감한 부위에 널리 분포하고 있다(그림 2.11).

2.2 진피

진피(dermis)는 표피 아래층에 위치하며 세포, 혈관, 털, 콜라겐, 면역기관 등으로 이루어진 매우 복잡한 기관이다. 피부의 부위마다 다르나 대략 0.5 ~ 4 mm의 두께를 가진다. 진피는 크게 유두층(papillary region)과 그물층(reticular region)의 두 층으로 구분할 수 있다. 유두층은 표피의 기저층과 접하고 있으며, 모세혈관을 통해 기저세포에 영양분을 공급하는 중요한 역할을 한다. 표피가 세포층으로 빽빽한 성벽을 이루는 반면 진피층은 세포들이 듬성듬성 존재하며 그 사이에 콜라겐(collagen), 엘라스틴(elastin) 등과 같은 그물구조의 조직들이 잘 발달되어 있다. 진피층의 가장 중요한 세포는 섬유아세포(fibroblast cell)이며 이 세포에서 콜라겐, 엘라스틴과 또한 이들을 분해하는 콜라게네이즈(collagenase), 엘라스테이즈(elastase) 등이 만들어진다(그림 2.12).

콜라겐은 인체에서 가장 많은 양이 존재하는 단백질로서 3중 가닥의 모양을 형성하여 피부조직의 장력을 유지하게 해준다. 콜라겐은 그 구성 아미노산 배열에도 특이한 점이 있는데 glycine, proline, alanine, hydroxyproline의 함량이 매우 높다. 인체에는 약 30종의 콜라겐 단백질이 존재하며 그중 1형이 90% 이상을 차지하고, 주로 분포하는 영역은 피부, 힘줄, 장기, 뼈 등이다.

엘라스틴 역시 진피의 주요 구성 단백질이며 고무와 같이 당기면 1.5배 늘어나는 특성이 있어서, 피부의 탄력에 큰 기여를 한다.

자외선, 활성산소 등에 의해 섬유아세포가 자극을 받으면 콜라게네이즈, 엘라스테이즈가 분비되어 콜라겐과 엘라스틴을 각각 분해하게 되고 그 결과가 축척되면 피부에 주름이 발생한다. 따라서 주름개선 기능성 화장품의 효력시험에는 콜라게네이즈 억제 시험, 엘라스테이즈 억제 시험이 포함된다(7.2절 참조). 콜라게네이즈는 좀 더 크게 보면 아연(Zn)을 포함하는 단백질군인 매트릭스 메탈로 프로테이나아제(Matrix Metalloproteinases, MMP)의 하나이다. MMP군은 생물의 발생 등의

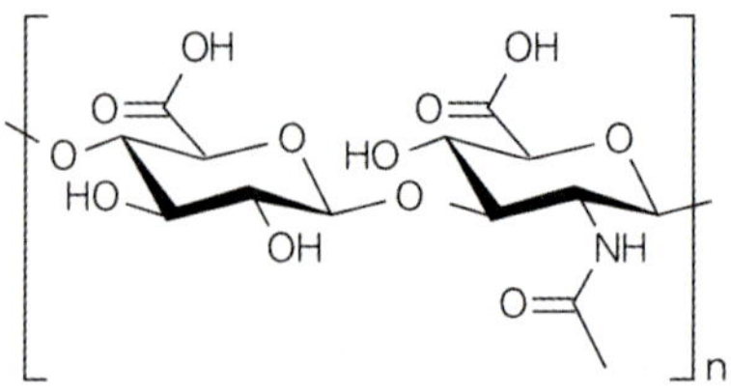

그림 2.13 히알루론산(Hyaluronic acid)의 화학구조

과정에서 물질의 분해에 중요한 역할을 수행한다.

진피의 대부분은 스펀지와 같은 뮤코다당류(mucopolysaccharide)가 차지하고 있다. 히알루론산(hyaluronic acid)이 대표적이며 그 구성은 그림 2.13과 같이 히알루론산염과 콘드로이친 황산염을 포함하는 글루코사민(glycosaminoglycan)으로 이루어져 있다. 히알루론산은 물에 녹아 끈적끈적한 상태로 존재하며, 일반적인 물 분자와 달리, 강하게 생체 고분자에 결합되어 있어 쉽게 마르거나 증발되지 않는다. 이런 이유로 히알루론산은 화장품의 보습제나 안과제제로 널리 이용되고 있다.

이외에도 진피에는 CD4+ T cell, Dermal DC, 대식세포(macrophage), NKT

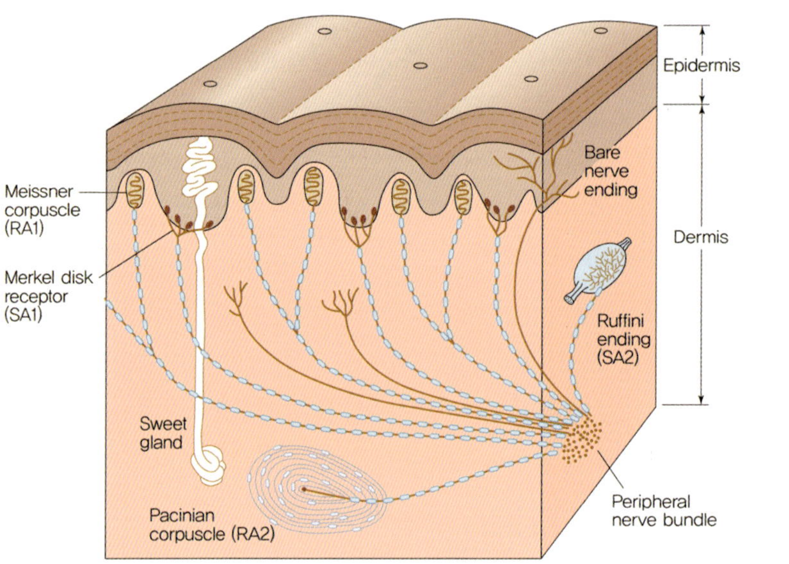

그림 2.14 피부의 신경계

세포, 비만세포(mast cell) 등의 다양한 면역세포가 존재하여 피부의 1차 방어기능을 충실히 수행하고 있다. 이런 기능에 이상이 생기거나 과잉반응이 존재하면 피부질환이 발생한다. 또한 피부에는 루피니 소체(Ruffini corpuscle), 마이스너 소체(Meissner corpuscle), 파시니 소체(Pacinian corpuscle) 등 여러 종류의 신경세포들이 존재하여 피부의 감각을 중추신경계로 전달하며 일부는 면역체계와 밀접한 네크워크를 형성하기도 한다(그림 2.14).

진피의 아래 부분에는 피하지방층(subcutaneous tissue)이 존재한다. 이 층은 분류에 따라 피부에 포함되기도 하고, 그렇지 않기도 한다. 피하지방층은 피부를 아래층에 존재하는 뼈나 근육에 연결시키는 역할을 수행한다. 피하지방층은 인체의 지방 중 약 50%를 차지하며 외부충격에 대한 완충역할과 체온의 유지 등과 같은 중요한 기능을 한다. 피하지방층에는 지방세포 외에도 섬유아세포, 대식세포가 널리 분포되고 있다.

2.3 털의 구조

털(hair)은 피부의 중요한 구성 성분으로 크게 모구, 모근과 모간으로 구분할 수 있다(그림 2.15). 모구는 털을 생산하는 모모세포와 색소를 만드는 색소 형성 세포로 구성되어 있고, 피부의 각질 형성 세포처럼 세포가 새로 생성되면 기존의 세포들을 위 방향으로 밀어내어 털이 자라는 현상을 나타내게 한다. 모구에는 모세혈관이 잘 분포되어 영양 성분을 공급하여 털이 계속해서 잘 자라도록 해준다. 색소 형성 세포는 멜라닌을 포함하며 머리의 색을 나타낸다. 백발은 노화의 일종으로 털에서 멜라닌이 생성되지 못하여 하얗게 변하는 현상이다.

피지선(sebaceous gland)에서는 피지(sebum)가 생성되어 털 사이에 난 공간을 따라 상부로 올라간다. 피지의 오일 성분들이 피부에 얇게 도포됨으로써 피부를 보호하는 역할을 한다. 피지의 구성 성분은 표 2.3과 같으며 지방의 구성 성분인 트라이글리세라이드(triglyceride)가 가장 많은 비율을 차지한다.

털은 외관으로 볼 때 모포피, 모피질, 모수질로 구성되며 건강한 털은 모포피의 비늘모양이 잘 유지되며 손상이 발생한 털은 이 구조가 파괴되어 평평한 모습을 보

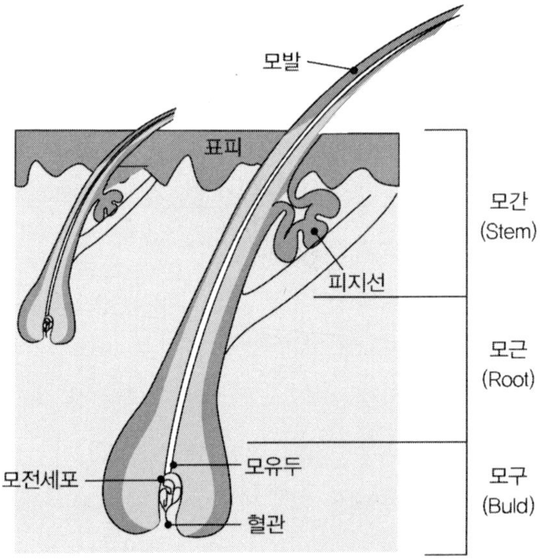

그림 2.15 모발의 구조

표 2.3 피지의 구성 성분

지질	평균치(wt %)	범위(wt %)
트라이글리세라이드	41.0	19.5~49.4
다이글리세라이드	2.2	2.3~4.3
지방산	16.4	7.9~39.0
스쿠알렌	12.0	10.1~13.9
왁스 에스터	25.0	22.6~29.5
콜레스테롤	1.4	1.2~2.3
콜레스테롤 에스터	2.1	1.5~2.6

인다. 머리털의 경우 성장속도는 한 달간 0.6 ~ 3.36 cm 정도 자라는 것으로 알려져 있으나, 성별, 인종 및 나이에 따라 달라진다. 또한 털은 수분을 흡수하는 성질이 강하여 목욕 후에는 머리털이 푸석해지는 특성이 있다.

털의 주요 구성 성분은 두 가닥으로 꼬여진 케라틴 단백질이며, 특히 시스틴과 글루타민산의 비중이 높다. 모발은 생장기(3~6년), 퇴행기(2~3주)와 휴지기(3~4개월)를 주기적으로 반복하는 특성이 있다.

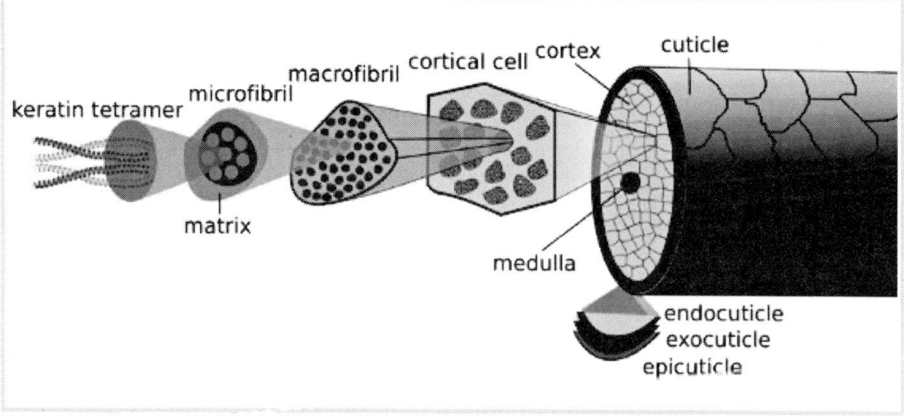

그림 2.16 털의 케라틴 구조

2.4 손톱과 발톱의 구조

손톱과 발톱은 대부분의 영장류에서 손가락과 발가락의 끝을 덮는 단단한 알파 케라틴 단백질로 구성되어 있다. 손톱의 기능은 손가락뼈, 손가락과 그 주위의 근육조직이 손상되지 않게 방지하는 역할을 한다. 손톱의 성장 속도는 대략 1달에 3.5 mm 정도 자라며, 발톱은 약 1.6 mm 정도로 손톱의 절반 속도로 자란나. 손발톱의 성장속도 역시 나이, 성별, 계절, 운동, 식사와 유전 인자에 영향을 받는다.

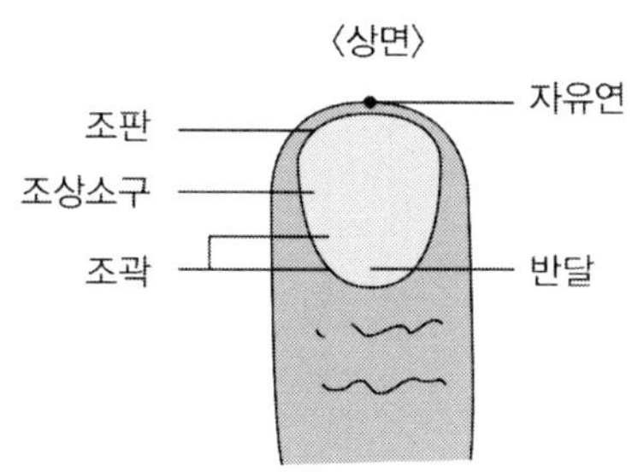

그림 2.17 손톱의 구조

연습문제

1 표피의 구조를 설명하시오.

2 세포의 턴 오버란 무엇인가?

3 진피의 주요 구성 성분은 무엇인가?

4 콜라겐의 구조를 설명하시오.

5 털의 구성 성분에 대해 설명하시오.

사례 노트

머리카락의 분류

머리카락의 분류 방법으로는 Andre Walker Hair Typing System이 가장 널리 사용된다. 이 분류는 유명 TV 쇼 진행자인 오프라 윈프리와 인드레 워커가 개발하였다. 머리카락을 크게 직모(straight), 물결모(wavy), 곱슬모(curly), 특이모(kinky)의 4종으로 나누며, 각 머리카락은 A, B, C 등으로 좀 더 세분화하였다.

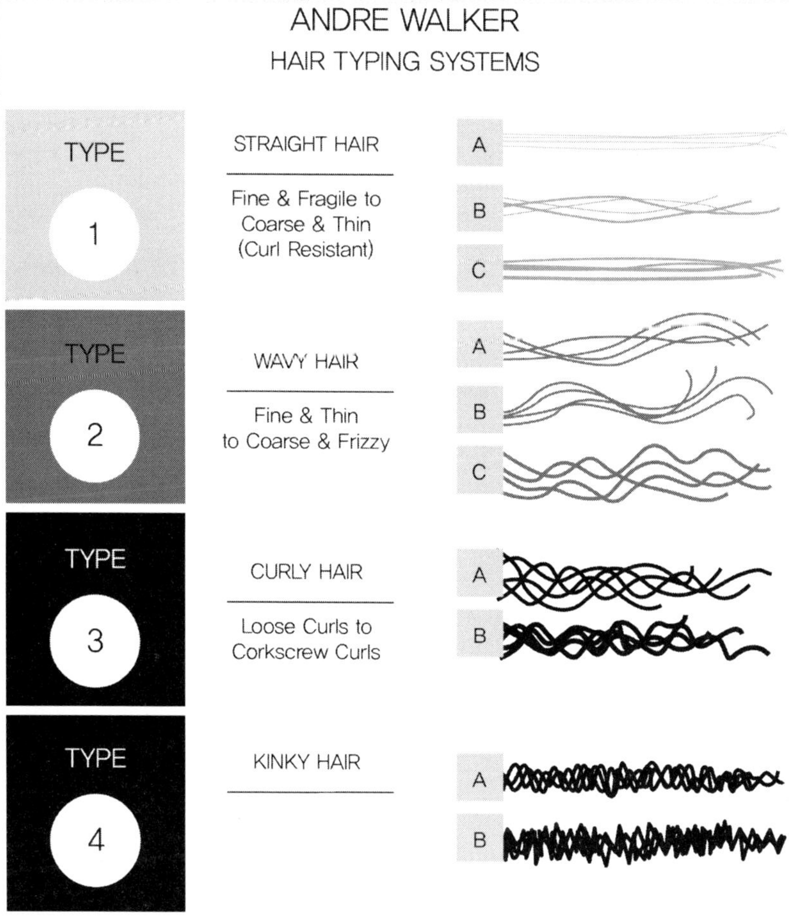

3장

피부질환

사람의 피부질환은 약 1,000종이 넘는 것으로 알려진 만큼 매우 다양하다. 피부라는 조직은 수많은 세포들과 연관된 단백질, 면역기관, 신경세포들이 함께 존재하는 곳이며, 외부로부터 세균, 바이러스, 곰팡이의 침입도 빈번하다. 더구나 각질세포는 턴오버 현상으로 정기적으로 피부에서 탈락하고 새로운 세포들이 연속하여 만들어진다. 피부는 인체에서도 매우 복잡한 기능을 수행하는 기관이다. 따라서 이러한 과정에서 이상이 발생할 수 있으며, 이는 피부질환으로 연결된다.

피부질환은 발생 원인에 따라 분류할 수 있는데 세균, 곰팡이, 바이러스, 기생충 등의 침임으로 인한 감염성 질환과 면역체계의 이상으로 인한 알레르기 질환, 종양 그리고 기타 원인으로 인한 질환으로 크게 구분할 수 있다. 본 장에서는 다양한 피부질환 중 우리가 흔히 접하는 질병인 여드름, 아토피 피부염, 가려움증, 비듬과 최근 빈도가 증가하고 있는 피부암에 대해 살펴보고자 한다.

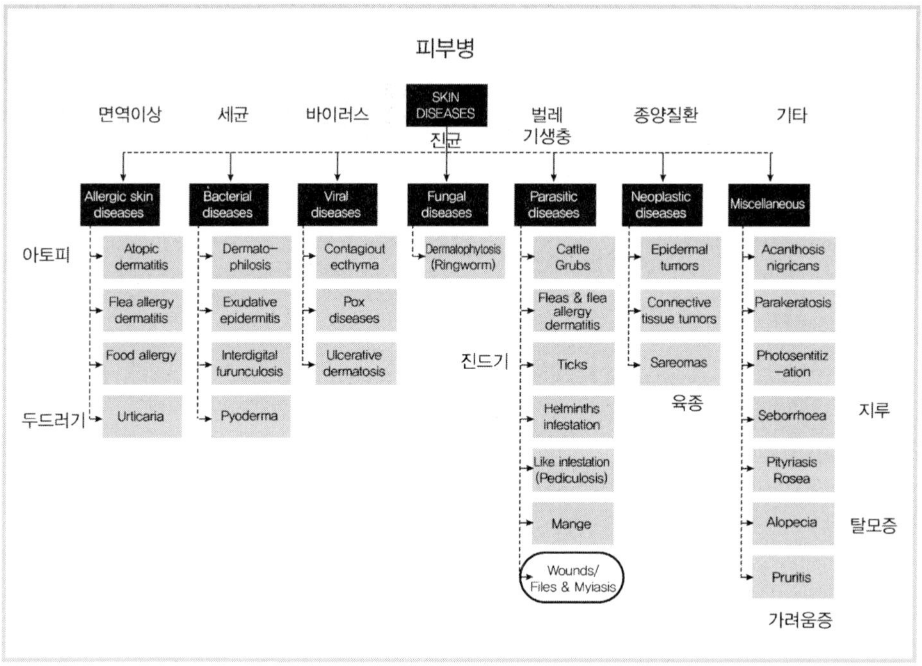

그림 3.1 피부질환의 원인별 분류

3.1 여드름

여드름(acne)은 20세 전후의 대다수 젊은이에게서 활발히 발생한다. 여드름의 발생 원인은 다양하다. 우선 사춘기의 남성 호르몬 과다분비로 인해 피지가 과잉 생산되며 동시에 피지의 배출통로인 피지선의 입구가 좁아진다. 이에 따라 다량의 피지가 외부로 배출되지 못하고 정체되는 현상이 나타난다. 피부에는 혐기성 세균인 *Propionibacterium acnes*(*Cutibacterium acnes*)가 존재하는데 피지가 충분히면 이들의 먹이가 충부해져서 세균이 과잉성장하게 된다. 여드름이 심한 사람들에는 피부장벽(세포 간 지질)의 이상이 관찰되고 면역체계의 교란이 발생한다. 또한 여드름에는 일정부분 유전적 요인도 관여한다고 알려져 있다. 즉, 이러한 배경하에 피부에 만성염증(chronic inflammation)이 발생하게 되고 이러한 현상을 여드름이라고 한다.

인체의 질환 중 염증은 유해한 자극에 대한 인체 빈응 중 하나로 면역세포, 혈관 및 염증 매개체들이 관여하는 생체보호반응의 일종이다. 염증은 세포의 손상을 초기단계에서 억제하며 상처 부분의 파괴된 조직을 제거하고 동시에 새로운 조직을 재생하는 역할을 포함하는 매우 복잡한 과정이다. 다시 말해, 이러한 단계에서 면역 작용에 이상이 있거나 과잉 면역이 발생하여 정상적인 세포들이 공격받으면 복잡한 면역 매개 피부질환이 발생하게 된다.

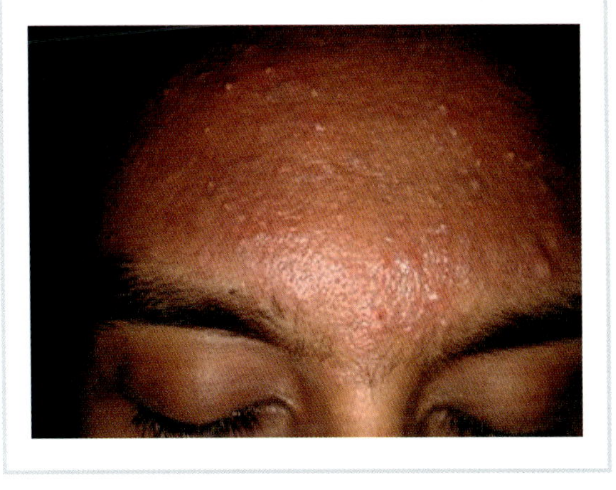

그림 3.2 여드름(acne)

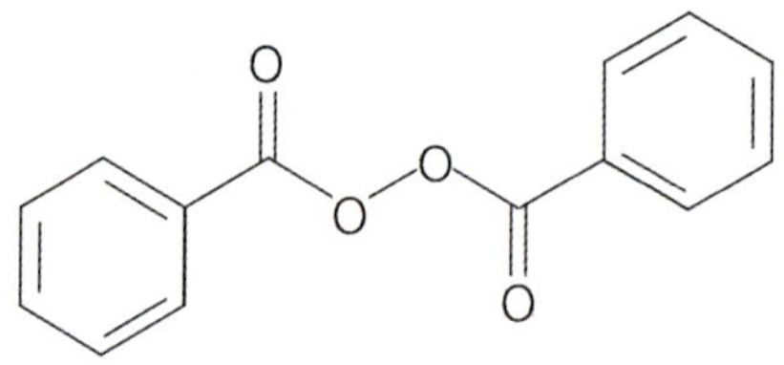

그림 3.3 벤질 페록사이드(benzoyl peroxide)의 화학구조

여드름의 치료에는 벤질 페록사이드(benzoyl peroxide)가 가장 널리 이용된다. 레티노이드(retinoids) 또한 염증을 줄이고, 세포 사이클을 정상화하며 피지의 생성을 억제하여 자주 이용된다. 그리고 아크네균을 사멸시키기 위한 항생제도 처방될 수 있다.

3.2 아토피 피부염

아토피(atopic dermatitis)는 알레르기 유발원인 항원에 대해 인체 면역계가 적절

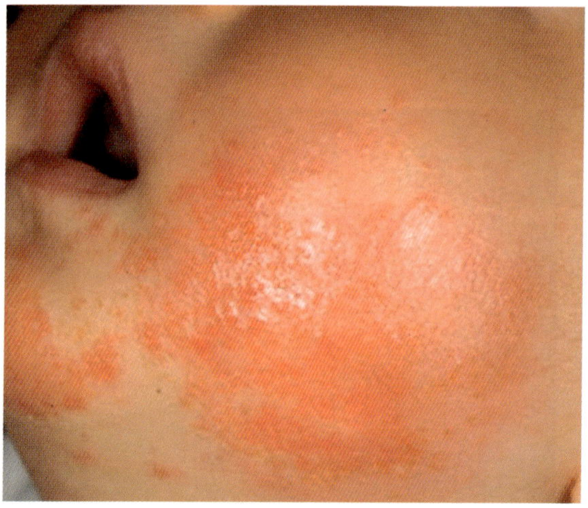

그림 3.4 아토피 피부염

표 3.1 한국인 아토피 피부염의 진단기준

주소견(major features)
1. 가려움증
2. 특징적인 병변의 형태와 분포
1) 2세 이하: 얼굴, 몸통, 사지의 폄쪽
2) 2세 이상: 얼굴, 목, 굽히는 부위
3. 아토피 질환(아토피 피부염, 천식, 알레르기 비염)의 과거력 혹은 가족력
부소견(minor featrues)
1. 건조증
2. 백색비강진(pityriasis alba)
3. 눈주위 습진 및 눈주위의 어두운 피부
4. 귀주위 습진 병변
5. 입술염
6. 손/발의 비특이적 피부염
7. 두피의 인설
8. 모공 주위 피부의 두드러짐(perifollicular accentuation)
9. 유두습진
10. 땀이 날 때 가려움증 동반
11. 백색피부묘기증(white dermographism)
12. 즉시형 피부반응 양성반응(단지검사 양성)
13. 높은 혈청 IgE
14. 피부감염에 대한 감수성

출처: 피부과학, 2015

히 대체하지 못하여 급성과 만성이 반복적으로 나타나는 매우 복잡한 현상을 띠는 피부의 대표 질병 중 하나이다. 일반적으로 표 3.1로 진단되며 주소견 중 2개 이상 부소견 중 4가지 이상이 나타날 때 아토피로 진단된다. 아토피는 같은 면역계통의 이상으로 습진(eczema), 알레르기 결막염(allergic conjunctivitis), 천식(asthma) 등과 같이 발생하는 경향이 강하다.

아토피를 유발하는 알레르겐으로는 꽃가루, 집먼지 진드기 항원, 특정 음식, 화학적 · 물리적 자극 등이 있다. 아토피 질환이 있는 사람의 경우 항원 · 항체 반응으로 인하여 IgE가 높은 수치를 나타낸다. 아토피에 대한 오랜 기간의 연구결과 세포성 면역인 T cell이 크게 관여함을 알게 되었다. 특히 아토피의 경우 세포성 면역

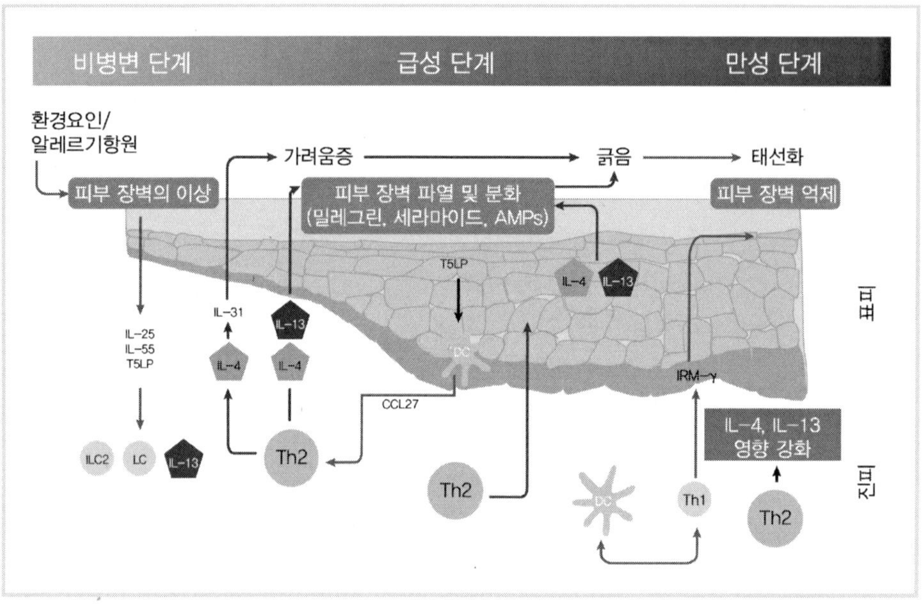

그림 3.5 아토피의 진행과정(정상–급성–만성)(Donald. Leung. et. al. 2004)

활동에 관여하는 Th1 세포의 활성은 억제되어 있고, 체액성 면역과 연관된 Th2 세포의 활성이 크게 증가된 것을 발견하였다. 최근에는 IL-4와 IL-13을 선택적으로 억제하는 항체 의약품인 Dupilumab이 개발되어 중증 아토피의 치료에 희망을 주고 있다.

3.3 가려움증

가려움(pruritus, itch)은 피부를 긁고 싶어하는 욕망을 발생시키는 감각이다. 가려움과 통증은 공통으로 피부에 분포된 말초신경(가려움증 수용체)과 중추신경계를 포함하는 신경 네트워크와 깊이 관련되어 있다. 일반적으로 강한 자극은 통증을, 약한 자극은 가려움을 유발하는 것으로 알려져 있다. 가려움증을 유발하는 물질은 세균, 곰팡이, 바이러스, 얼음, 벌레물림, 외부 알레르겐, 일광, 피부질환(건선, 습진 등) 등 매우 다양하다. 즉, 가려움은 하나의 표면 현상이지만 그 배후에는 자극원, 신경세포, 면역세포 등이 포함된 매우 복잡한 작용이 일어난다.

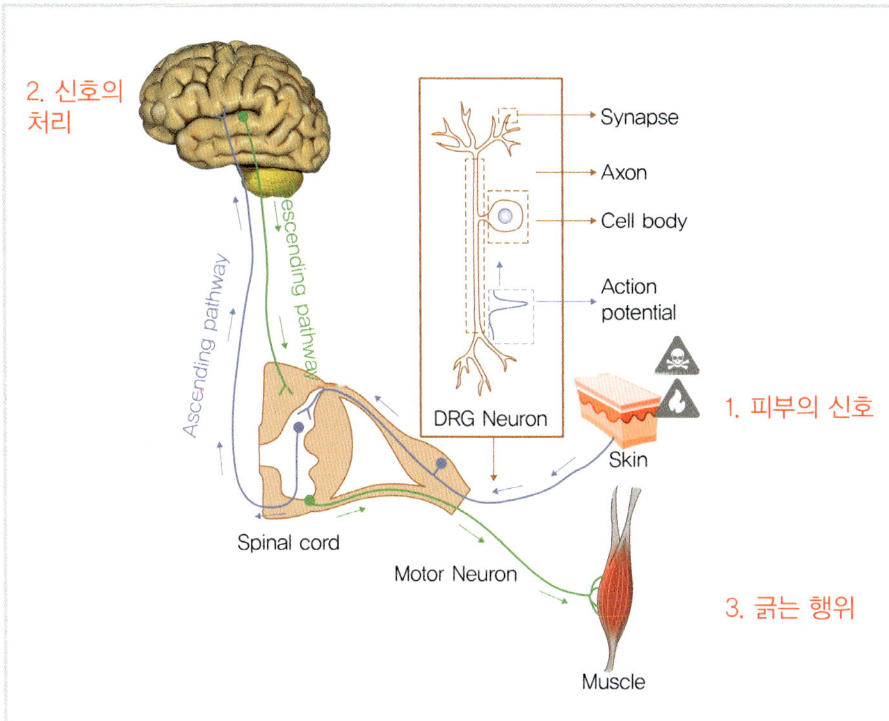

그림 3.6 가려움의 발생경로(J. Meng, et.al., 2016)

3.4 비듬

두피에서 표피 탈락이 발생하여 각질이 눈에 띄게 나타나는 현상을 비듬(dandruff)이라고 한다. 비듬의 발생 원인은 명확하지 않으나 유전적 요인과 환경적 요인이 모두 관여하며, 겨울에 더 심해지는 현상이 있다. 비듬은 위생불량에 의해 발생되는 것은 아니다. 비듬은 대체로 피지의 생산이 매우 활발한 상태에서 *Malassezia*와 같은 곰팡이, *Propionibacterium*, *Staphylococcus*와 같은 세균이 대량 번식되면서 대사산물이 생산되고, 이들이 비듬 형성에 기여하는 것으로 추측된다. 비듬은 만성적으로 재발하는 경향이 있으며 지루성 피부염(seborrheic dermatitis)을 동반하는 경우가 많다.

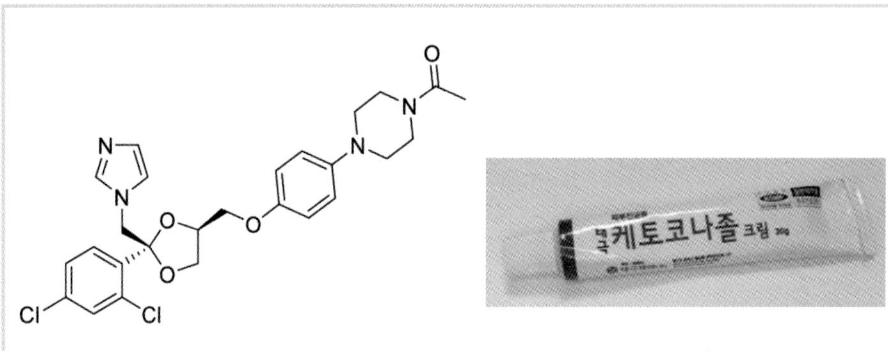

그림 3.7 케토코나졸 연고

비듬은 전 세계 인류의 약 절반 정도에 어느 정도 영향을 미치며, 남자가 여자보다 자주 발생하는 경향이 있다. 비듬을 예방하기 위해서는 샴푸를 이용하여 자주 머리를 감아야 한다. 비듬이 심한 경우에는 케토코나졸(ketoconazole), 시클로피록스(ciclopirox)와 같은 항진균제를 사용하길 추천한다.

3.5 피부암

암은 심장질환과 더불어 인류 사망원인의 가장 중요한 질병이다. 암의 원인을 규명하기 위해 100년 이상의 연구 노력이 진행되었으며 특히 유전자 검색 기술의 발전이 암의 원인 규명에 큰 역할을 하고 있다. 현재는 암은 누적되는 악성 외부 환경의 축적으로 핵내의 DNA가 변경되고 이것이 계속 쌓이면서 단백질이 변성되고 이어서 암이 발생되는 것으로 추축되고 있다(그림 3.8). 암의 발생에는 종양 억제 단백질의 파괴가 중요한 역할을 하는 것으로 알려져 있다(그림 3.9).

피부암은 백인들에게서 대량 발생하는 것으로 알려져 왔다. 이는 백인들은 유전적으로 멜라닌의 생합성이 부실하여 침투되는 자외선을 차단할 수 없어서 세포가 계속 손상되고 이어서 피부암이 발생된다. 대표적인 피부암으로는 흑색종(Melanoma), 편평세포암(squamous cell carcinoma) 등이 있다(그림 3.10). 최근에는 우리나라에서도 피부암의 발생이 증가하고 있다. 피부암을 피하기 위해서는 강렬한 태양광선을 피하는 것이 가장 중요하며 셔츠를 착용하는 것이 권장된다.

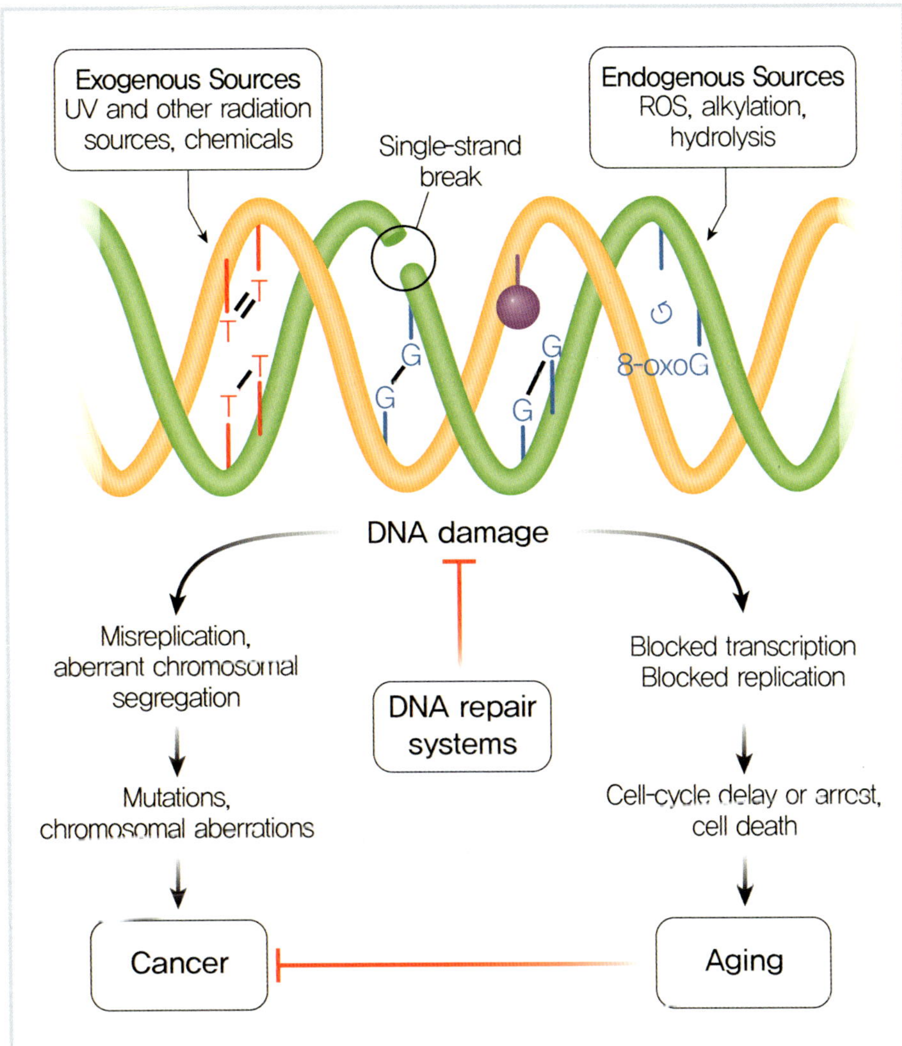

그림 3.8 세포내 DNA의 파괴

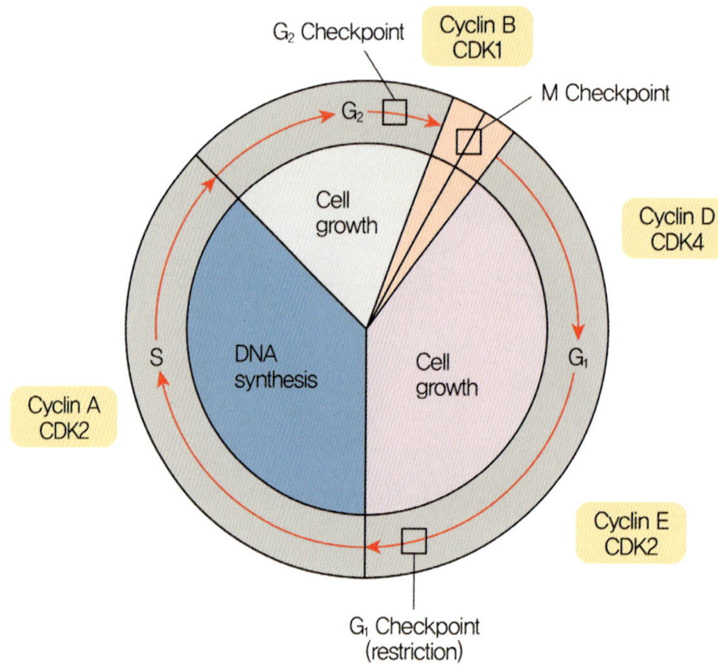

그림 3.9 동물세포의 증식 사이클

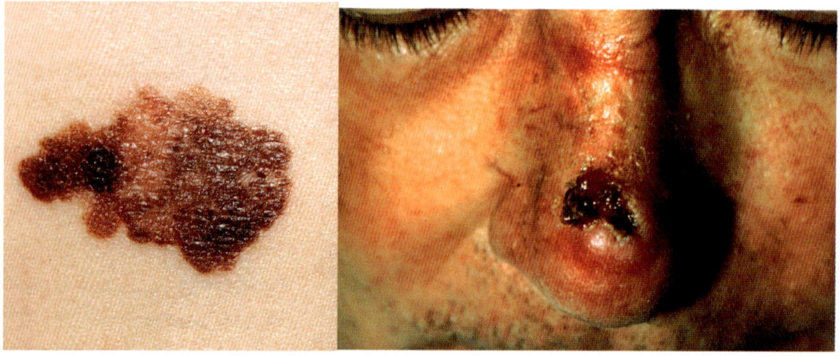

그림 3.10 흑색종, 편평세포암.

National Cancer Institute (NCI), "Malignant Melanoma (Skin Cancer)". Public Domain.
National Cancer Institute (NCI), "Squamous Cell Carcinoma – nose lesion", Public Domain.

연습문제

1 여드름의 발생 원인에 대해 설명하시오.

2 아토피의 발생 원인에 대해 설명하시오.

3 비듬의 발생 원인에 대해 설명하시오.

4 피부암에 대해 설명하시오.

사례 노트

질병의 종류

세계보건기구(World Health Organization)의 국제질병분류 체계(International Classification of Diseases, ICD)를 기반으로 우리나라에서는 한국표준질병사인분류(8차)가 제정되었다. 대분류 22개, 중분류 267개, 소분류 2,093개로 구성되었다. 대분류의 분류 기준은 다음과 같다.

1. 특정 감염성 및 기생충성 질환
2. 신생물
3. 혈액 및 조혈기관의 질환과 면역 메커니즘을 침범하는 특정 장애
4. 내분비, 영양 및 대사 질환
5. 정신 및 행동 장애
6. 신경계통의 질환
7. 눈 및 눈 부속기의 질환
8. 귀 및 유돌의 질환
9. 순환계통의 질환
10. 호흡계통의 질환
11. 소화계통의 질환
12. 피부 및 피하조직의 질환
13. 근골격계통 및 결합조직의 질환
14. 비뇨생식계통의 질환
15. 임신, 출산 및 산후기
16. 출생전후기에 기원한 특정 병태
17. 선천 기형, 변형 및 염색체 이상
18. 달리 분류되지 않은 증상, 징후와 임상 및 검사의 이상 소견
19. 손상, 중독 및 외인에 의한 특정 기타 결과
20. 질병이환 및 사망의 외인
21. 건강상태 및 보건서비스 접촉에 영향을 주는 요인
22. 특수목적 코드

4장

화장품의 기본 제형

4.1 계면활성제

화장품의 두 가지 중요 성분인 물과 오일은 기본적으로 서로 물성이 달라서 섞이지 않는다. 물(H_2O)은 H와 O 성분의 전기 음성도 차로 인하여 부분적인 극성을 띤다. 반면 식물성 오일은 그 구조가 대부분 C와 H로 구성되어 비극성을 띤다(그림 4.1). 따라서 물과 오일을 함께 섞으면 그 물성의 차이로 인하여 전혀 혼합이 되지 않고 상분리가 일어난다. 즉, 비중의 차이로 인하여 가벼운 오일이 물의 위층에 분리되어 존재한다.

계면활성제는 그 화학구조가 친수성 성분과 친유성 성분을 모두 지닌 물질이다.

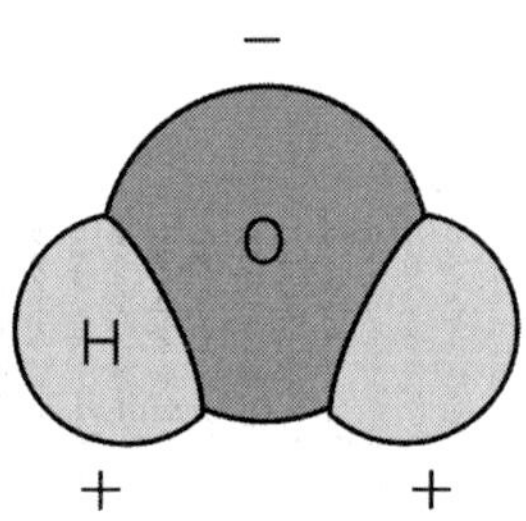

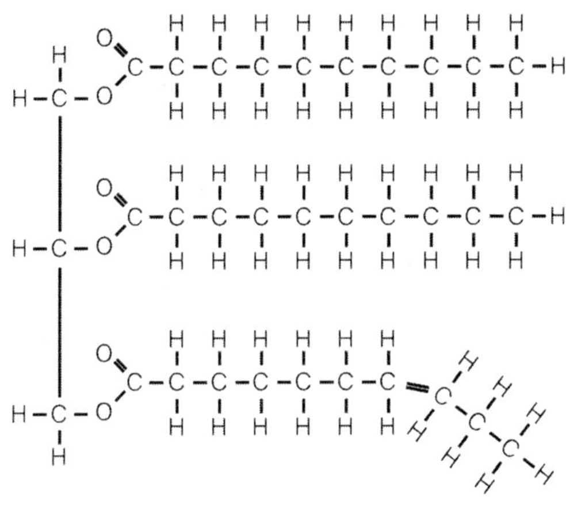

그림 4.1 물과 지방(triglyceride)의 화학구조

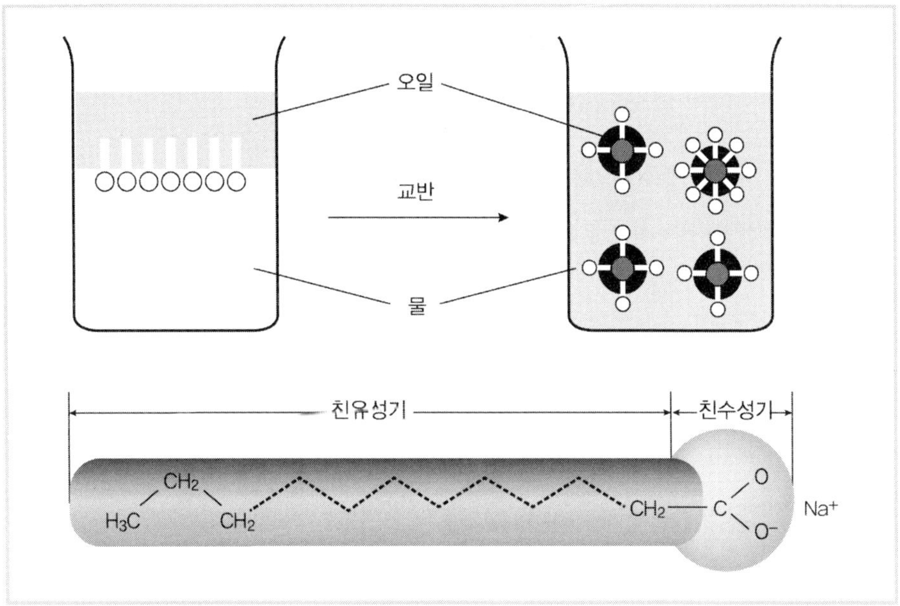

그림 4.2 계면활성제의 작용

따라서 친수성 성분(Na+ 등의 이온, -OH와 같은 작용기)은 물 층에, 친유성 성분(-CH 등)은 오일 층에 접촉하여 물과 기름 사이에 계면활성제 층을 형성함으로써 물과 기름 성분이 안정적으로 혼합될 수 있게 한다(그림 4.2).

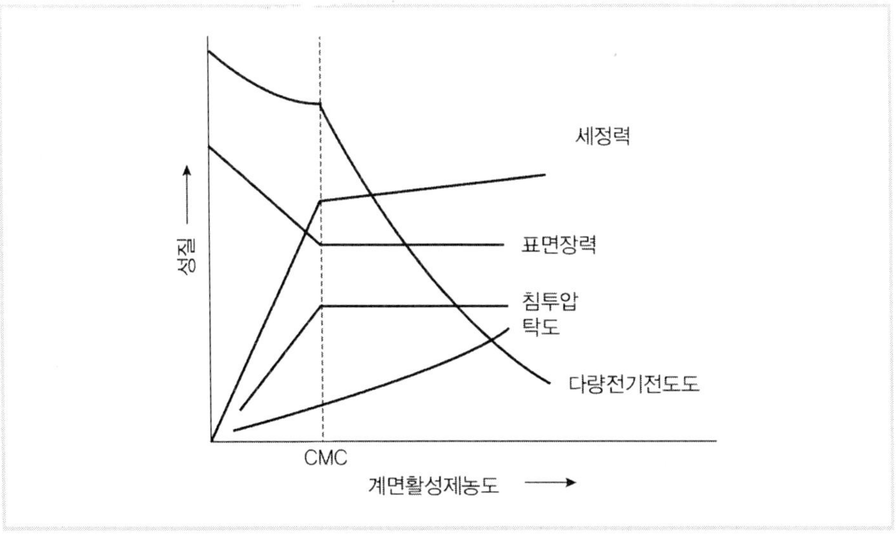

그림 4.3 임계 마이셀 농도

계면활성제의 작용이 원활하게 되기 위해서는 계면활성제가 물 또는 오일의 분산된 입자를 완전히 둘러싸야 제대로 된 화장품의 제형을 형성할 수 있다. 이 상태를 임계 마이셀농도(Critical Micelle Concentration, CMC)라고 하며, 화장품은 계면활성제가 이 농도 이상으로 배합되어야 제대로 된 제형을 형성한다(그림 4.3). 그리고 화장품의 물성은 임계 마이셀 농도를 경계로 표면장력, 세정력 등이 상당히 달라진다.

계면활성제의 물성을 평가하는 특성으로 HLB(Hydrophobic Lipophilic Balance) 비율이 있다. 이는 계면활성제의 분자량 중 친수기와 친유기의 비를 나타내는 것으로 다음과 같이 정의된다.

$$\text{HLB} = \text{친수기 분자량} \div \text{전체 분자량} \times 20$$

따라서 계면활성제에 친수기 분자가 증가하면 HLB는 20에 가까워지며 친유기 분자가 많아지면 그 값은 0에 접근한다. 화장품의 제형에 따른 HLB의 비는 그림 4.4에 나타나 있다.

HLB와 수용성과의 관계

0–3 : 분산하지 않음
3–6 : 약간 분산
6–8 : 강하게 교반하면 유탁함
8–10 : 안정한 유탁물이 됨
10–13 : 반투명 또는 투명한 분산
13–20 : 투명하게 용해

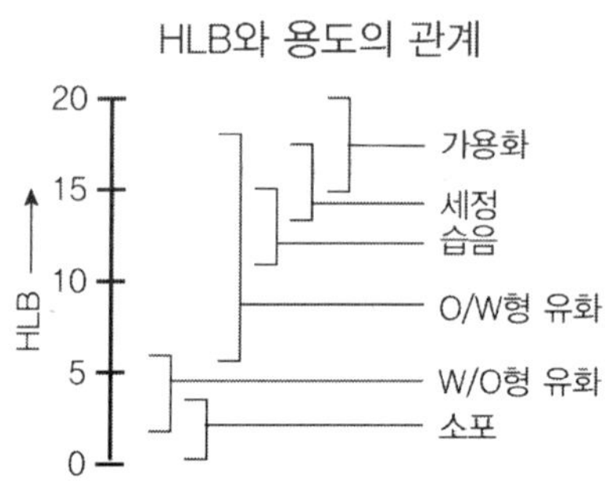

그림 4.4 HLB의 특성

4.2 가용화

가용화(solubilization)는 소량의 오일 성분이 계면활성제에 의해 투명하게 용해된 상태의 제품을 말한다. 가용화의 경우에는 형성된 마이셀(micelle)이 1 ~ 10 nm

로 빛의 파장(400 ~ 750 nm)에 비해 매우 작아서 빛이 대부분 투과되어 투명하게 보인다(그림 4.5). 가용화 제품의 예로는 화장수(액, 스킨), 에센스, 헤어토닉, 헤어리퀴드와 향수 등이 있다.

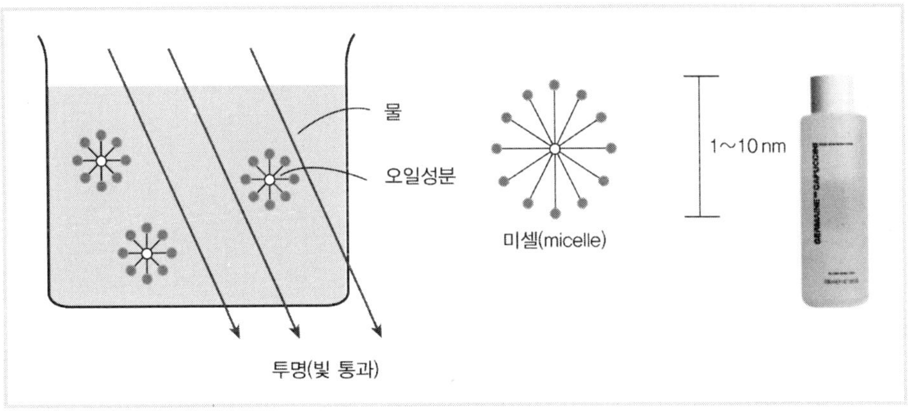

그림 4.5 가용화

4.3 유화

유화(emulsion)는 오일 성분이 물에 계면활성제에 의해 우유빛으로 백탁화된 상태의 제품을 말한다. 유화에는 수중유형유화(O/W형), 유형수중유화(W/O형)와 다상유화형(multiple emulsion)이 존재한다. 수중유형유화는 물에 의해 오일 성분이 계면활성제에 둘러싸여 분산된 상태를 말하며, 유형수중유화는 오일에 의해 물이 계면활성제에 의해 둘러싸인 형태이다. 다상유화형에는 W/O/W형과 O/W/O형이 존재한다(그림 4.6).

4.4 분산

분산(suspension)은 물 또는 오일 성분에 의해 미세한 고체 입자가 계면활성제에 의해 균일하게 혼합된 상태의 제품을 말한다. 이때 계면활성제는 고체 입자의 표면에 흡착되어 고체 입자가 서로 뭉쳐지거나 가라앉는 것을 방지하는 역할을 한다. 분산 제품으로는 마스카라와 액상 파운데이션 등이 있다(그림 4.7).

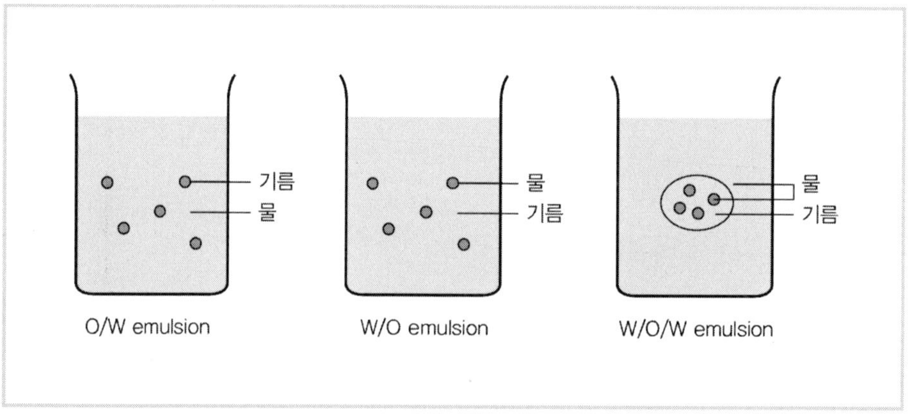

그림 4.6 유화

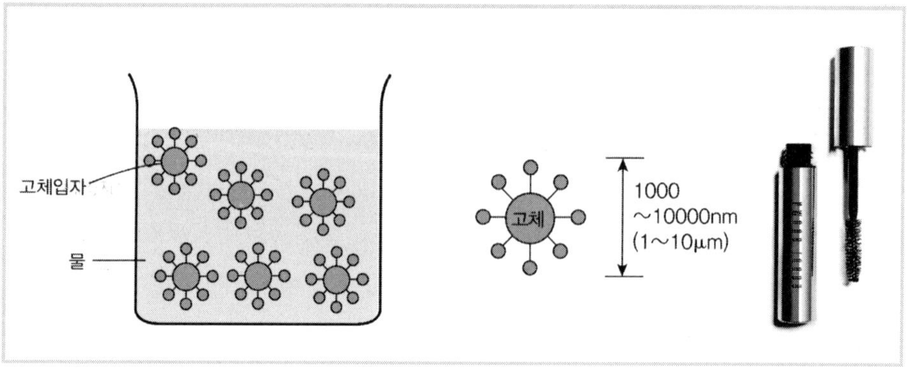

그림 4.7 분산

연습문제

1 가용화에 대해 설명하시오.

2 유화에 대해 설명하시오.

3 HLB에 대해 설명하시오.

사례 노트

색조화장품의 여왕, 엘리자베스 아덴

Elizabeth Arden
NEW YORK

엘리자베스 아덴(Elizabeth Arden, 1881~1966)은 1881년 플로렌스 나이팅게일 그라함(Florence Nightingale Graham)이라는 이름으로 캐나다의 온타리오주의 우드브리지에서 태어났다. 아덴은 토론토의 간호학교를 중퇴하고 뉴욕 맨하탄에서 오빠가 경영하는 작은 제약회사의 경리 업무를 보았다. 그러는 동안 그녀는 연구실에서 스킨케어 화장품에 대해 배우게 되었다. 아덴은 1910년 뉴욕에서 붉은 문 살롱(Red Door Salon)을 창업하였고, 이것이 현재의 유명 화장품 브랜드인 'Elizabeth Arden'의 시초이다.

아덴은 자신의 미용실에서 여자들에게 과학적인 화장품 제형, 아름답게 치장하는 방법, 눈 입술과 얼굴의 색조화장법에 대해 가르쳐 주었다. 1929년 아덴은 유럽과 미국에 150개의 뷰티살롱을 소유하게 되었고, 아덴이라는 이름을 붙인 1,000종의 화장품이 세계 22개국에서 팔리는 등 큰 성공을 거두었다. 예전에는 색조화장품이 사회의 하층 여성들에게 주로 사용되어 좋지 않은 이미지를 가지고 있었으나, 아덴은 품위 있는 여성의 색조화장을 선도하여 색조화장품의 선구자로 높이 평가되고 있다.

5장

화장품 원료의 조건

5.1 사용금지 원료

현재 국내 화장품 규정은 화장품 안전기준 등에 관한 규정[식품의약품안전처 고시 제2020－12호(2020. 2. 25. 개정)]에 따라 화장품에 사용이 금지된 원료와 사용상의 제한이 필요한 원료를 지정하고 있다. 그리고 네거티브 리스트 방식에 따라 이 고시에서 제외된 성분은 회사의 책임하에 무엇이든지 화장품에 사용할 수 있다. 단, 화장품에 문제가 발생하면 제조회사는 이 부분에 대해 책임을 져야 한다(제조물배상 책임, product liability). 화장품에 사용할 수 없는 원료는 화장품 안전기준 등에 관한 규정 별표 1에 지정하고 있으며 그 주요 원료는 표 5.1과 같다.

표 5.1 화장품 사용금지 원료(전체 중 일부 발췌)

나프탈렌	납 및 그 화합물
니켈	o-디아니시딘계 아조 염료류
디에틸설페이트	마취제(천연 및 합성)
메탄올(에탄올 및 이소프로필알콜의 변성제로서만 알콜 중 5%까지 사용)	미세플라스틱(세정, 각질제거 등의 제품에 남아있는 5 mm 크기 이하의 고체플라스틱)
1,3-부타디엔	벤젠
목향뿌리 오일	수은 및 그 화합물
아세타마이드	에이치시 녹색 No. 1
요오드	크롬; 크로믹애씨드 및 그 염류
대한민국약전(식품의약품안전처 고시) '탤크'항 중 석면기준에 적합하지 않은 탤크 과산화물가가 10 mmol/L을 초과하는 테르펜 및 테르페노이드(다만, 리모넨류는 제외) 과산화물가가 10 mmol/L을 초과하는 신핀테르펜 및 테르페노이드(sinpine terpenes and terpenoids)	페루발삼(Myroxylon pereirae의 수지)[다만, 추출물(extracts) 또는 증류물(distillates)로서 0.4% 이하인 경우는 제외]
o-톨루이딘계 색소류	피로갈롤(다만, 염모제에서 용법 · 용량에 따른 혼합물의 염모성분으로서 2% 이하는 제외)
히드로퀴논	항생물질
항히스타민제(예: 독실아민, 디페닐피랄린, 디펜히드라민, 메타피릴렌, 브롬페니라민, 사이클리	광우병 발병이 보고된 지역의 다음의 특정위험물질(specified risk material) 유래성분

진, 클로르페녹사민, 트리펠렌아민, 히드록시진 등)	(소·양·염소 등 반추동물의 18개 부위)
「화학물질의 등록 및 평가 등에 관한 법률」 제2조제9호 및 제27조에 따라 지정하고 있는 금지물질	

5.2 사용상의 제한이 필요한 원료

화장품에서 사용상의 제한이 필요한 원료는 화장품 안전기준 등에 관한 규정 별표2에 지정하고 있으며 그 목록 중 중요한 성분은 표 5.2와 같다.

표 5.2 화장품에 사용상의 제한이 필요한 원료

*보존제 성분(전체 중 일부 발췌)

원료명	사용 한도	비고
글루타랄(펜탄-1,5-디알)	0.1%	에어로졸(스프레이에 한함) 제품에는 사용금지
네하이드로아세틱애씨드(3-아세틸-6-메틸피란-2,4(3H)-디온) 및 그 염류	데하이드로아세틱애씨드로서 0.6%	에어로졸(스프레이에 한함) 제품에는 사용금지
4,4-디메틸-1,3-옥사졸리딘(디메틸옥사졸리딘)	0.05% (다만, 제품의 pH는 6을 넘어야 함)	
디아졸리디닐우레아 (N-(히드록시메틸)-N-(디히드록시메틸-1,3-디옥소-2,5-이미다졸리디닐-4)-N'-(히드록시메틸)우레아)	0.5%	
2, 4-디클로로벤질알코올	0.15%	
벤조익애씨드, 그 염류 및 에스텔류	산으로서 0.5% (다만, 벤조익애씨드 및 그 소듐염은 사용 후 씻어내는 제품에는 산으로서 2.5%)	

(계속)

표 5.2 화장품에 사용상의 제한이 필요한 원료

*보존제 성분(전체 중 일부 발췌)

원료명	사용 한도	비고
벤질알코올	1.0% (다만, 두발 염색용 제품류에 용제로 사용할 경우에는 10%)	
살리실릭애씨드 및 그 염류	살리실릭애씨드로서 0.5%	영유아용 제품류 또는 만 13세 이하 어린이가 사용할 수 있음을 특정하여 표시하는 제품에는 사용금지(다만, 샴푸는 제외)
클로로부탄올	0.5%	에어로졸(스프레이에 한함) 제품에는 사용금지
트리클로산	사용 후 씻어내는 인체세정용 제품류, 데오도런트(스프레이 제품 제외), 페이스파우더, 피부결점을 감추기 위해 국소적으로 사용하는 파운데이션(예: 블레미쉬컨실러)에 0.3%	기타 제품에는 사용금지
페녹시에탄올	1.0%	
페녹시이소프로판올(1-페녹시프로판-2-올)	사용 후 씻어내는 제품에 1.0%	기타 제품에는 사용금지
p-하이드록시벤조익애씨드, 그 염류 및 에스텔류(다만, 에스텔류 중 페닐은 제외)	· 단일성분일 경우 0.4%(산으로서) · 혼합사용의 경우 0.8%(산으로서)	

*자외선차단 성분

원료명	사용 한도	비고
드로메트리졸트리실록산	15%	
드로메트리졸	1.0%	
디갈로일트리올리에이트	5%	
디소듐페닐디벤즈이미다졸테트라설포네이트	산으로서 10%	
디에틸헥실부타미도트리아존	10%	

(계속)

원료명	사용 한도	비고
디에틸아미노하이드록시벤조일헥실벤조에이트	10%	
로우손과 디하이드록시아세톤의 혼합물	로우손 0.25%, 디하이드록시아세톤 3%	
메틸렌비스-벤조트리아졸릴테트라메틸부틸페놀	10%	
4-메틸벤질리덴캠퍼	4%	
멘틸안트라닐레이트	5%	
벤조페논-3(옥시벤존)	5%	
벤조페논-4	5%	
벤조페논-8(디옥시벤존)	3%	
부틸메톡시디벤조일메탄	5%	
비스에틸헥실옥시페놀메톡시페닐트리아진	10%	
시녹세이트	5%	
에틸디하이드록시프로필파바	5%	
옥토크릴렌	10%	
에틸헥실디메틸파바	8%	
에틸헥실메톡시신나메이트	7.5%	
에틸헥실살리실레이트	5%	
에틸헥실트리아존	5%	
이소아밀-p-메톡시신나메이트	10%	
폴리실리콘-15(디메치코디에틸벤잘말로네이트)	10%	
징크옥사이드	25%	
테레프탈릴리덴디캠퍼설포닉애씨드 및 그 염류	산으로서 10%	
티이에이-살리실레이트	12%	
티타늄디옥사이드	25%	
페닐벤즈이미다졸설포닉애씨드	4%	
호모살레이트	10%	

***염모제 성분(전체 중 일부 발췌)**

원료명	사용 한도	비고
p-니트로-o-페닐렌디아민	산화염모제에 1.5 %	기타 제품에는 사용금지
니트로-p-페닐렌디아민	산화염모제에 3.0 %	기타 제품에는 사용금지

원료명	사용 한도	비고
2-메틸-5-히드록시에틸아미노페놀	산화염모제에 0.5 %	기타 제품에는 사용금지
2-아미노-5-니트로페놀	산화염모제에 1.5 %	기타 제품에는 사용금지
2-아미노-3-히드록시피리딘	산화염모제에 1.0%	기타 제품에는 사용금지
4-아미노-m-크레솔	산화염모제에 1.5%	기타 제품에는 사용금지
p-아미노페놀	산화염모제에 0.9 %	기타 제품에는 사용금지
염산 2,4-디아미노페녹시에탄올	산화염모제에 0.5 %	기타 제품에는 사용금지
염산 p-페닐렌디아민	산화염모제에 3.3 %	기타 제품에는 사용금지
염산 히드록시프로필비스(N-히드록시에틸- p-페닐렌디아민)	산화염모제에 0.4%	기타 제품에는 사용금지
p-페닐렌디아민	산화염모제에 2.0 %	기타 제품에는 사용금지
N-페닐-p-페닐렌디아민 및 그 염류	산화염모제에 N-페닐-p-페닐렌디아민으로서 2.0 %	기타 제품에는 사용금지
레조시놀	산화염모제에 2.0 %	
몰식자산	산화염모제에 4.0 %	
카테콜(피로카테콜)	산화염모제에 1.5 %	기타 제품에는 사용금지
피로갈롤	염모제에 2.0 %	기타 제품에는 사용금지

***기타(전체 중 일부 발췌)**

원료명	사용 한도	비고
감광소 감광소 101호(플라토닌) 감광소 201호(쿼터늄-73) 감광소 301호(쿼터늄-51) 감광소 401호(쿼터늄-45) 기타의 감광소 의 합계량	0.002%	
건강틴크 칸타리스틴크 고추틴크 의 합계량	1%	
과산화수소 및 과산화수소 생성물질	•두발용 제품류에 과산화수소로서 3% •손톱경화용 제품에 과산화수소로서 2%	기타 제품에는 사용금지

(계속)

원료명	사용 한도	비고
땅콩오일, 추출물 및 유도체		원료 중 땅콩 단백질의 최대 농도는 0.5 ppm을 초과하지 않아야 함
로즈 케톤-3	0.02%	
머스크자일렌	•향수류 향료원액을 8% 초과하여 함유하는 제품에 1.0%, 향료원액을 8% 이하로 함유하는 제품에 0.4% •기타 제품에 0.03%	
비타민 E(토코페롤)	20%	
살리실릭애씨드 및 그 염류	•인체세정용 제품류에 살리실릭애씨드로서 2% •사용 후 씻어내는 두발용 제품류에 살리실릭애씨드로서 3%	•영유아용 제품류 또는 만 13세 이하 어린이가 사용할 수 있음을 특정하여 표시하는 제품에는 사용금지(다만, 샴푸는 제외) •기능성화장품의 유효성분으로 사용하는 경우에 한하며 기타 제품에는 사용금지
소합향나무(Liquidambar orientalis) 발삼오일 및 추출물	0.6%	
시스테인, 아세틸시스테인 및 그 염류	퍼머넌트웨이브용 제품에 시스테인으로서 3.0~7.5% (다만, 가온2욕식 퍼머넌트웨이브용 제품의 경우에는 시스테인으로서 1.5~5.5%, 안정제로서 치오글라이콜릭애씨드 1.0%를 배합할 수 있으며, 첨가하는 치오글라이콜릭애씨드의 양을 최대한 1.0%로 했을 때 주성분인 시스테인의 양은 6.5%를 초과할 수 없다)	
암모니아	6%	

(계속)

원료명	사용 한도	비고
옥살릭애씨드, 그 에스텔류 및 알칼리 염류	두발용 제품류에 5%	기타 제품에는 사용금지
우레아	10%	
징크페놀설포네이트	사용 후 씻어내지 않는 제품에 2%	
칼슘하이드록사이드	•헤어스트레이트너 제품에 7% •제모제에서 pH 조정 목적으로 사용되는 경우 최종 제품의 pH는 12.7 이하	기타 제품에는 사용금지
톨루엔	손발톱용 제품류에 25%	기타 제품에는 사용금지
트리클로산	사용 후 씻어내는 제품류에 0.3%	기능성화장품의 유효성분으로 사용하는 경우에 한하며 기타 제품에는 사용금지
트리클로카반(트리클로카바닐리드)	사용 후 씻어내는 제품류에 1.5%	기능성화장품의 유효성분으로 사용하는 경우에 한하며 기타 제품에는 사용금지
페릴알데하이드	0.1%	
페루발삼(Myroxylon pereirae의 수지) 추출물(extracts), 증류물(distillates)	0.4%	

5.3 화장품 원료집

화장품 원료집은 화장품에 사용되는 원료명, 물리화학적 특성, 소재의 안전성, 유효성 정보들을 취합한 자료이다. 예전에는 국내 화장품은 원칙적으로 화장품 원료집에 등재된 원료를 이용하여 제조하였다. 그러나 이 규정은 화장품 안전기준 등에 관한 규정(고시)이 제정되어 폐지되었다. 그러나 여전히 화장품 원료에 대한 정보들이 필요하기 때문에 이에 대한 원료집들이 국가별로 운영되고 있다. 한국에서는 대한화장품협회에서 자체적으로 화장품 성분사전을 운영하고 있다(http://kcia.or.kr/cid/ about/intro_01.php).

국제적으로는 미국화장품협회에서 운영하는 ICID(International Cosmetic Ingredient Dictionary and Handbook)와 EU 화장품 원료집 EUCoslng(The Official Cosmetic Ingredient Database in EU)이 있다.

5.4 유통화장품 안전관리 기준

국내의 유통화장품에 대한 안전관리 기준은 화장품 안전기준 등에 관한 규정(식품의약품안전처 고시 제2020－12호)에 따르며 그 중요 사항은 다음과 같다.

제6조(유통화장품의 안전관리 기준) ② 화장품을 제조하면서 다음 각 호의 물질을 인위적으로 첨가하지 않았으나, 제조 또는 보관 과정 중 포장재로부터 이행되는 등 비의도적으로 유래된 사실이 객관적인 자료로 확인되고 기술적으로 완전한 제거가 불가능한 경우 해당 물질의 검출 허용 한도는 다음 각 호와 같다.

1. 납: 점토를 원료로 사용한 분말제품은 50 ㎍/g 이하, 그 밖의 제품은 20 ㎍/g 이하
2. 니켈: 눈 화장용 제품은 35 ㎍/g 이하, 색조화장용 제품은 30 ㎍/g 이하, 그 밖의 제품은 10 ㎍/g 이하
3. 비소: 10 ㎍/g 이하
4. 수은: 1 ㎍/g 이하
5. 안티몬: 10 ㎍/g 이하
6. 카드뮴: 5 ㎍/g 이하
7. 디옥산: 100 ㎍/g 이하
8. 메탄올: 0.2(v/v)% 이하, 물휴지는 0.002%(v/v) 이하
9. 포름알데하이드: 2000 ㎍/g 이하, 물휴지는 20 ㎍/g 이하
10. 프탈레이트류(디부틸프탈레이트, 부틸벤질프탈레이트 및 디에틸헥실프탈레이트에 한함): 총 합으로서 100 ㎍/g 이하

④ 미생물한도는 다음 각 호와 같다.

1. 총호기성생균수는 영·유아용 제품류 및 눈화장용 제품류의 경우 500개/g(mL) 이하
2. 물휴지의 경우 세균 및 진균수는 각각 100개/g(mL) 이하
3. 기타 화장품의 경우 1,000개/g(mL) 이하
4. 대장균(Escherichia coli), 녹농균(Pseudomonas aeruginosa), 황색포도상구균(Staphylococcus aureus)은 불검출

⑤ 내용량의 기준은 다음 각 호와 같다.

1. 제품 3개를 가지고 시험할 때 그 평균 내용량이 표기량에 대하여 97% 이상(다만, 화장 비누의 경우 건조중량을 내용량으로 한다)
2. 제1호의 기준치를 벗어날 경우: 6개를 더 취하여 시험할 때 9개의 평균 내용량이 제1호의 기준치 이상

⑥ 영·유아용 제품류(영·유아용 샴푸, 영·유아용 린스, 영·유아 인체 세정용 제품, 영·유아 목욕용 제품 제외), 눈 화장용 제품류, 색조화장용 제품류, 두발용 제품류(샴푸, 린스 제외), 면도용 제품류(셰이빙 크림, 셰이빙 폼 제외), 기초화장용 제품류(클렌징 워터, 클렌징 오일, 클렌징 로션, 클렌징 크림 등 메이크업 리무버 제품 제외) 중 액, 로션, 크림 및 이와 유사한 제형의 액상제품은 pH 기준이 3.0~9.0이어야 한다. 다만, 물을 포함하지 않는 제품과 사용한 후 곧바로 물로 씻어 내는 제품은 제외한다.

머리의 파마(permanent)는 다음의 과정을 통하여 이루어진다. 우선 머리카락의 주성분인 keratin 단백질은 두 가닥이 꼬여서 형성되었으므로 제1제(치오글라이콜릭애씨드 등)를 이용하여 결합된 keratin을 분리한다. 이어서 열 등을 사용하여 적절히 성형한 후 제2제(브롬산나트륨 등)를 사용하여 파마를 완성한다. 파마에 사용되는 제1제와 2제에 대한 기준이 아래에 나타나 있다.

⑧ 퍼머넌트웨이브용 및 헤어스트레이트너 제품은 다음 각 호의 기준에 적합하여야 한다.

1. 치오글라이콜릭애씨드 또는 그 염류를 주성분으로 하는 냉2욕식 퍼머넌트웨이브용 제품: 이 제품은 실온에서 사용하는 것으로서 치오글라이콜릭애씨드

그림 5.1 파마머리

또는 그 염류를 주성분으로 하는 제1제 및 산화제를 함유하는 제2제로 구성된다.

가. 제1제: 이 제품은 치오글라이콜릭애씨드 또는 그 염류를 주성분으로 하

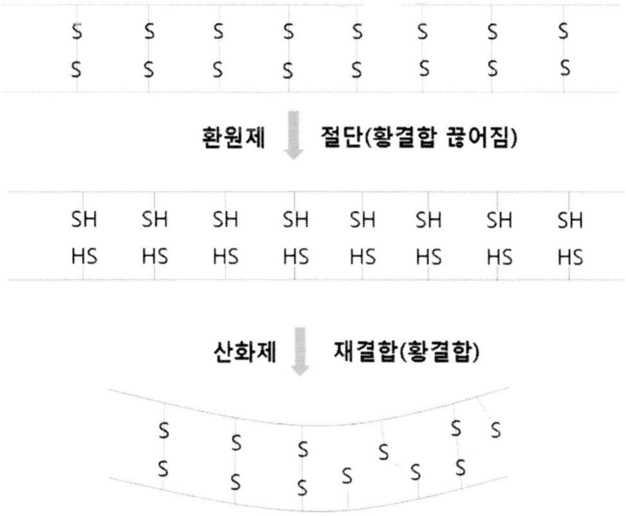

그림 5.2 파마의 화학반응

고, 불휘발성 무기알칼리의 총량이 치오글라이콜릭애씨드의 대응량 이하인 액제이다. 단, 산성에서 끓인 후의 환원성물질의 함량이 7.0%를 초과하는 경우에는 초과분에 대하여 디치오디글라이콜릭애씨드 또는 그 염류를 디치오디글라이콜릭애씨드로서 같은량 이상 배합하여야 한다. 이 제품에는 품질을 유지하거나 유용성을 높이기 위하여 적당한 알칼리제, 침투제, 습윤제, 착색제, 유화제, 향료 등을 첨가할 수 있다.

나. 제2제

1) 브롬산나트륨 함유제제: 브롬산나트륨에 그 품질을 유지하거나 유용성을 높이기 위하여 적당한 용해제, 침투제, 습윤제, 착색제, 유화제, 향료 등을 첨가한 것이다.

가) 용해상태: 명확한 불용성이물이 없을 것

나) pH: 4.0 ~ 10.5

다) 중금속: 20μg/g이하

라) 산화력: 1인 1회 분량의 산화력이 3.5 이상

연습문제

1 화장품의 금지원료에 대해 설명하시오.

2 화장품 원료집에 대해 설명하시오.

3 유통화장품의 관리기준에 대해 설명하시오.

4 화장품에서 사용상의 제한이 필요한 원료를 설명하시오.

사례 노트

아모레퍼시픽

회사의 시작은 창업주 서성환(1924~2003)의 어머니이자 개성 상인이었던 윤독정(1891~1959) 여사가 동백기름을 재료로 크림을 만들기 시작했던 창성상점으로 거슬러 올라간다. 1945년 서성환은 태평양화학공업사를 세워 분, 크림, 식물성 포마드 등의 제품을 내놓았고 이내 인기를 끌기 시작하였다. 이후 아모레(사랑, 이달리아어)라는 자체 브랜드를 만들고 색조화장품, 파운데이션, 설화수(한방화장품), 자체 브랜드샵 오픈 등으로 점차 발전하게 되었다.

아모레퍼시픽은 2018년 기준 매출액 6조 5,000억 원(53억 $)으로 세계 화장품 회사 중 12번째로 규모가 큰, 한국을 대표하는 화장품 회사로 성장하였다. 대표적인 아모레퍼시픽의 브랜드는 아모레퍼시픽, 라네즈, 마몽드, 아이오페, 헤라, 설화수, 이니스프리, 에뛰드하우스, 려 등이 있다.

6장

화장품 소재

기초화장품은 스킨케어 화장품이라고도 하며 현재 국내외 화장품 시장의 가장 큰 부분을 차지한다. 기초화장품의 종류에는 액(화장수, 스킨), 로션, 크림뿐만 아니라 마스크 팩, 에센스, 젤 등이 있다. 기초화장품은 일반적으로 수성 성분과 유성 성분과 계면활성제와 기타 성분을 포함하여 구성된다.

본 장에서는 수많은 화장품 소재 중에서 대표적인 성분을 소개하고자 한다.

6.1 수성 성분

화장품 소재 중 수성 성분을 띤 대표적인 물질은 정제수이다. 화장품은 다량의 물을 사용하는데 원수가 아니라 그것을 정제한 정제수가 사용되어야 한다. 물론 정제수는 엄격한 수질기준을 충족해야 한다(11.4절 참조). 물 다음으로 화장품에 널리 사용되는 성분은 에탄올(C_2H_5OH)이다. 에탄올은 미생물에 대한 살균력이 있으며 향료, 색소 등 물에 잘 녹지 않는 성분을 용해하는 특징이 있다. 글리세린(glycerin) 또한 보습제, 피부유연제, 용제로서 화장품에 널리 사용되는 성분이다. 프로필렌 글라이콜, 뷰틸렌 글라이콜 등도 유연제, 보습제로서 크림에 널리 사용되고 있다. 이들의 공통적인 구조의 특징으로는 많은 친수성 -OH 기를 포함하고 있다는 점이다. 기타 수성 성분으로는 솔비톨, 피롤리돈 카르복시산(pyrrolidone carboxylic acid), 히알루론산, 젖산 나트륨 등이 있다. 각 성분의 화학구조는 다음 그림과 같다.

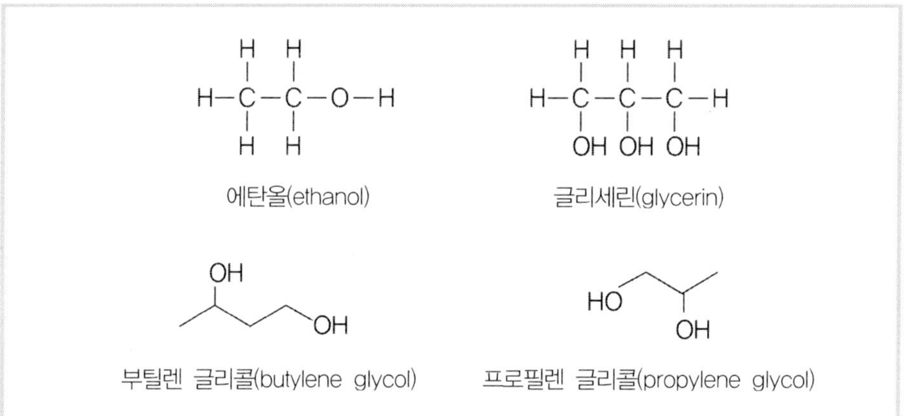

그림 6.1 친수성 성분의 화학구조

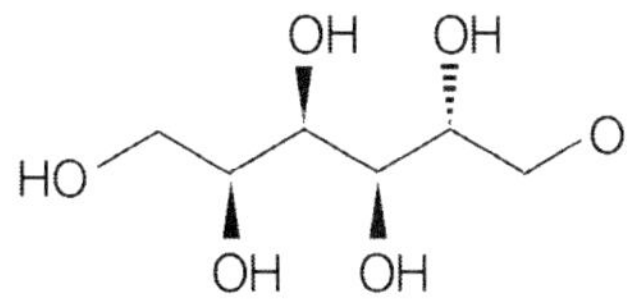

솔비톨(solbitol)

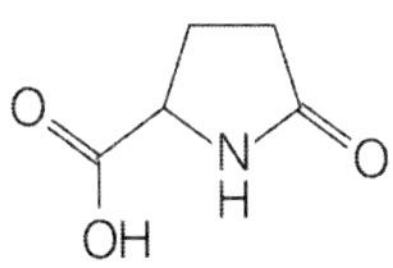

피롤리돈 카르복시산(pyrrolidone carboxylic acid)

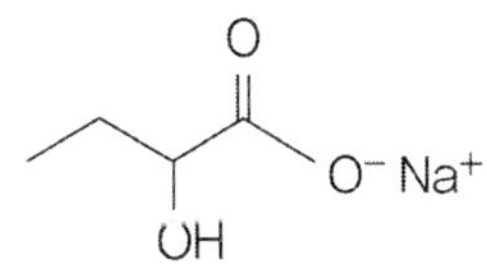

젖산 나트륨(sodium lactate)

그림 6.1 친수성 성분의 화학구조 (계속)

6.2 유성 성분

화장품 소재 중 유성 성분을 띤 제품은 아주 다양하다. 크게 분류하면 식물성 오일, 왁스류, 광물성 탄화 수소류, 고급지방산, 고급 알코올, 에스터류, 실리콘오일과 천연물 성분 등으로 나눌 수 있다. 식물성 오일은 올리브유, 동백유, 피마자유, 포도씨유, 달맞이꽃 오일, 옥수수유, 카카오유, 야자유 등 각종 식물에서 추출한 성분으로 피부에 도포 시 피지의 대용으로 기능한다. 식물성 오일과 피지의 주성분은 트라이글리세리드(triglyceride)이며 대표적인 tristearin의 화학구조가 그림 6.3에 나타나있다.

그림 6.2 올리브와 동백열매

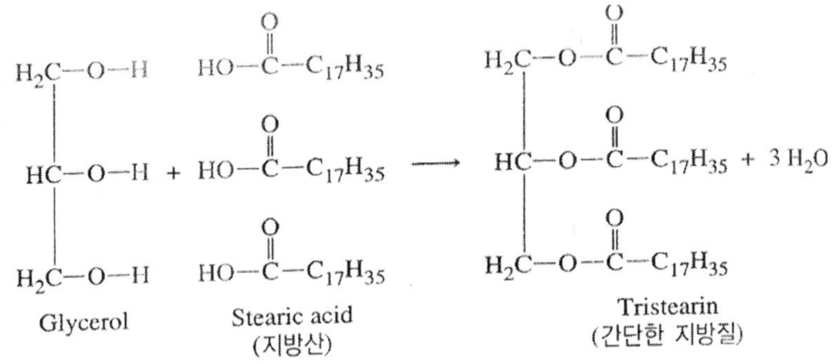

그림 6.3 간단한 지방질인 tristearin의 화학구조

왁스(wax)는 $C_{18}-C_{56}$의 고급지방산으로 구성된 에스터(RCOOR')의 구조를 가지고 있는 물질이다. 대표적인 왁스로는 벌꿀에서 얻어지는 밀랍(bee wax), 양모의 지방에서 추출한 라놀린(lanolin), 카루나우바 야자의 잎에서 얻어지는 카루나우바 왁스, 호호바 나무에서 얻어지는 호호바 왁스, 칸데릴라 왁스 등이 대표적이다. 왁스류의 중 하나인 cetyl oleate 의 화학구조가 그림 6.5에 나타나있다.

그림 6.4 밀랍과 라놀린

광물성 탄화 수소류는 유지나 밀랍보다도 정제하기 쉽고 화학적으로 안정되어 잘 변질되지 않으며 유성감이 강하여 기초화장품에 널리 사용된다. 대표적인 탄화수소류에는 석유를 정제하여 얻어지는 파라핀(paraffin), 바셀린(vaselin), 마이크로크리스탈린 등과 스쿠알렌, 세레신 등이 있으며 그 화학구조는 그림 6.6에 나타나있다.

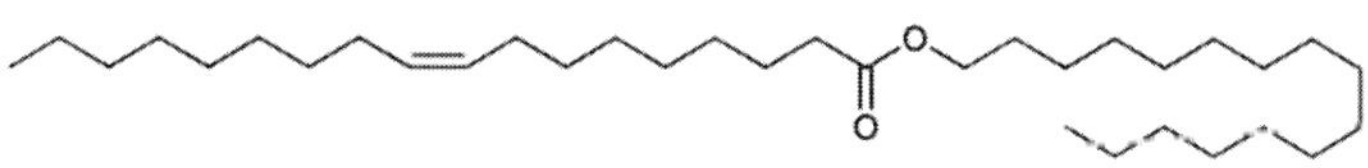

cetyl oleate

그림 6.5 세틸알코올, 라우린산, 실리콘 오일

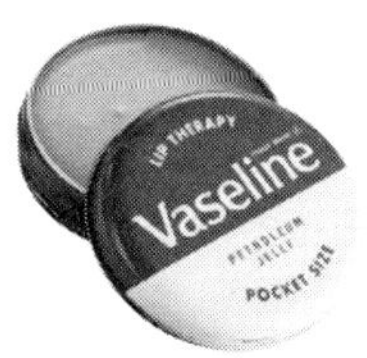

바셀린 파라핀

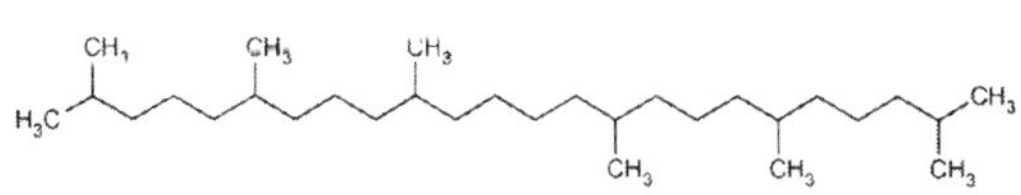

스쿠알렌의 화학구조

파리핀의 화학구조

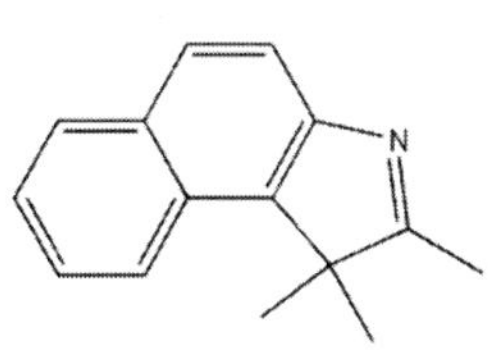

바셀린의 화학구조

그림 6.6 파라핀, 스쿠알렌 및 바셀린의 화학구조

기타 유성 성분으로는 세틸 알코올(cetyl alcohol)과 같은 고급 알코올, 라우린산(lauric acid)과 같은 고급 지방산도 널리 이용된다. 실리콘 오일(silicon oil)은 합성 오일로서 피부에 도포 시 미끄러지는 듯 상쾌한 사용감을 자랑하여 기초화장품에 널리 사용된다(그림 6.7).

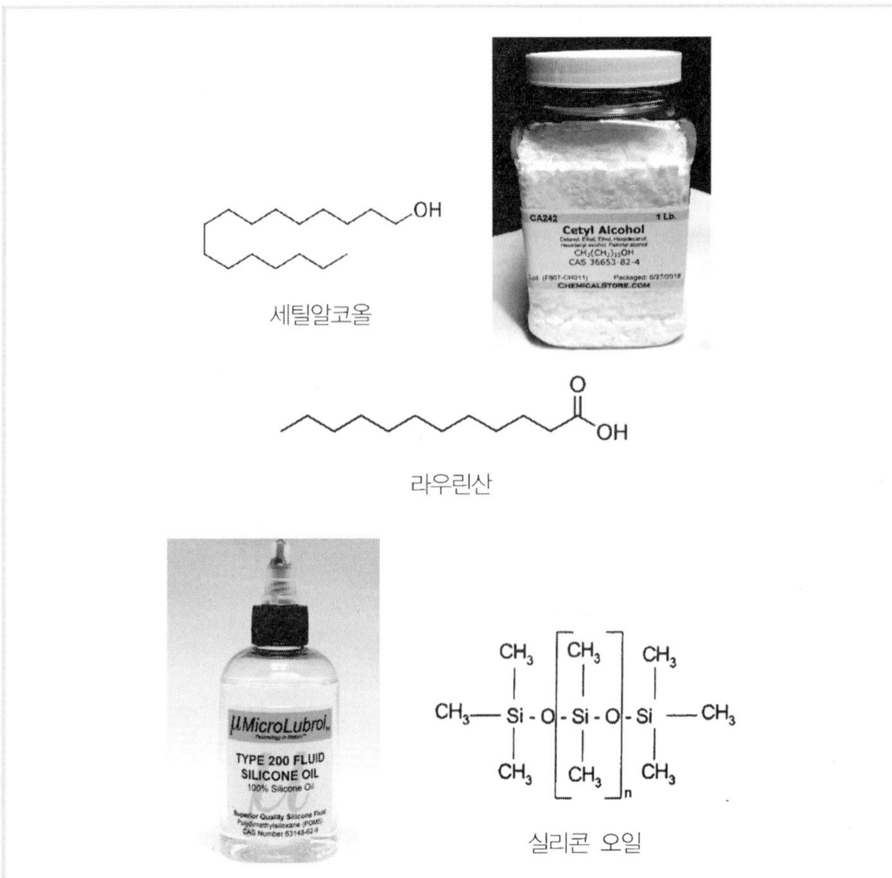

그림 6.7 세틸알코올, 라우린산, 실리콘 오일

6.3 계면활성제

화장품의 주성분은 친수성 물질과 친유성 성분을 혼합한 것으로 계면활성제의 사용이 필수적이다. 계면활성제의 기본 구조에는 친수성 성분과 친유성 성분이 모두 포함되어 있다(4장 참조). 계면활성제를 좀 더 세분화하면 이온계(음이온계, 양이온계, 양쪽성)와 비이온계로 나눌 수 있다.

음이온계(anion) 계면활성제는 친수성 성분이 −전하를 띠며, 세정력과 기포력이 우수하여 세안용 비누나 샴푸 등에 널리 사용되고 있지만, 피부를 자극한다는 단점이 존재한다. 대표적인 음이온계 계면활성제로는 알킬황산에스터염(alkyl sulfate)과 아실메틸타우린염(acyl methyltaurate)이 있다.

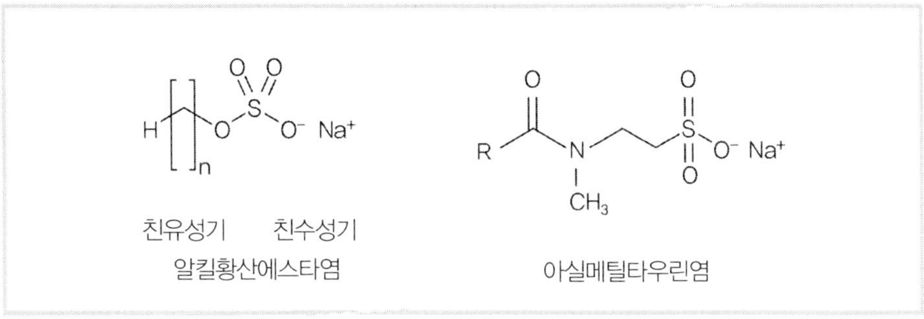

그림 6.8 음이온계 계면활성제

양이온계(cation) 계면활성제는 친수성 성분이 +전하를 띠는 물질이며, 살균력이 강하고 정전기를 방지하는 특성이 있어서 헤어린스, 정발제의 첨가물로 자주 이용된다. 대표적인 양이온계 계면활성제로는 염화알킬트라이메틸암모늄(alkyl trimethyl ammonium chloride)과 염화세틸트라이메틸암모늄(cetyl trimethyl ammonium chloride) 등이 있다.

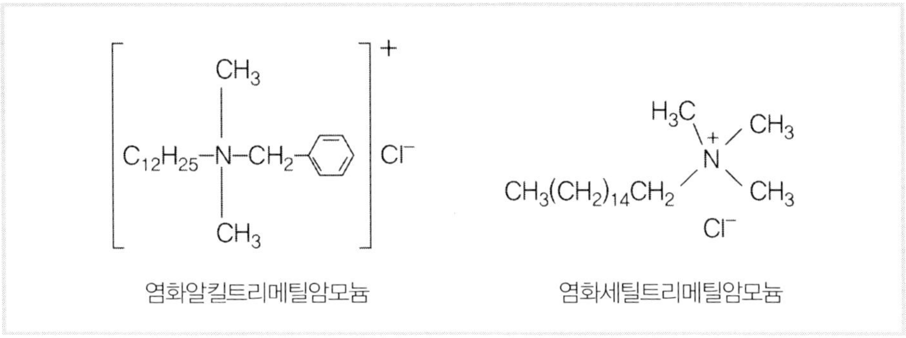

그림 6.9 양이온계 계면활성제

양쪽성 계면활성제는 친수성 성분에 +전하와 −전하를 모두 띠고 있는 성분으로, 강한 세정력과 살균력을 가지면서도 피부자극이 작아 비듬샴푸, 에어로졸 등에 널리 사용되고 있다. 대표적인 양쪽성 계면활성제에는 알킬디메틸아미노초산베타인(alkyl dimethylaminoacetic acid betaine)과 천연계면활성제로서 콩, 계란노른자에 풍부한 레시틴(lecithin)이 있다.

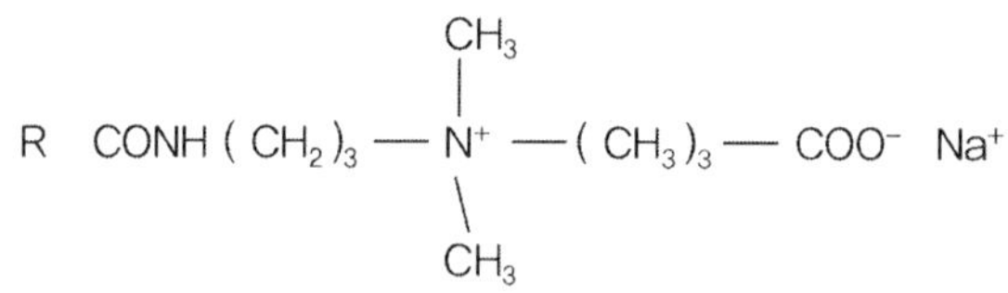

알킬디메틸아미노초산베타인

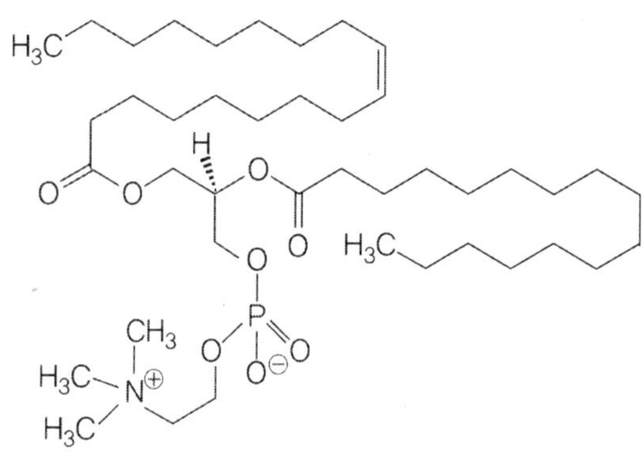

레시틴

그림 6.10 양쪽성 계면활성제

비이온계 계면활성제는 분자가 이온으로 나누어지지 않지만 자체 구조에 친수성기(−OH, −COOH 등)와 친유성기(−CH−)를 가지고 있는 분자들이다. 비이온계 계면활성제로는 안전성이 우수하여 의약품 등에 널리 사용되는 Tween과 Span이 대표적이다.

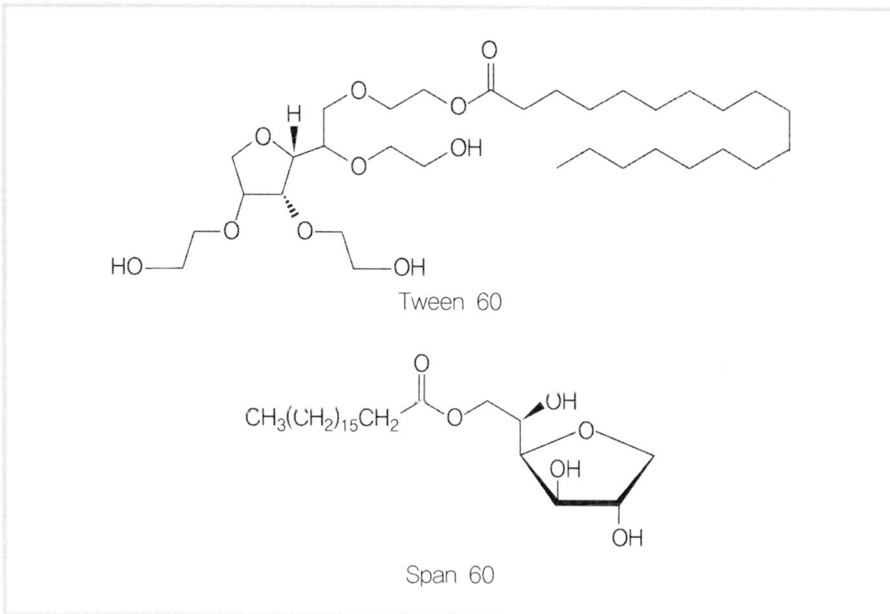

그림 6.11 비이온성 계면활성제

6.4 방부제

화장품은 비교적 장기간 보관되는 상품이지만 개봉 후에는 손가락 등으로 찍어서 바르는 제품이 대부분이기 때문에 세균 등에 오염될 가능성이 높다. 인간의 피부에는 다양한 종류의 세균, 곰팡이 및 바이러스 등이 존재하고 있다. 따라서 화장품에는 미생물의 생육을 억제하는 방부제 성분이 반드시 필요하다. 방부제는 내용물에서 미생물의 농도를 일정 수준 이하로 유지하게 하는 정균제 물질이며 미생물의 살균을 목적으로 하는 항생제와는 다른 개념이다. 화장품에 사용할 수 있는 방부제의 종류는 5.2절의 '화장품 안전기준 등에 관한 규정 별표 2'에 나타나 있다. 그중 화장품에 자주 사용하는 대표적인 방부제로는 메틸파라벤(methyl paraben), 에틸파라벤(ethyl paraben), 페녹시에탄올(phenoxyethanol), 클로로페네신(chlorphenesin) 등이 있다(그림 6.12). 그 외에도 천연방부제로서 자몽씨 추출물, 목련 추출물 등이 천연화장품에 사용되고 있다. 화장품용 방부제는 화장품 안전기준 등에 관한 기준에 따라 엄격히 규제되고 있다.

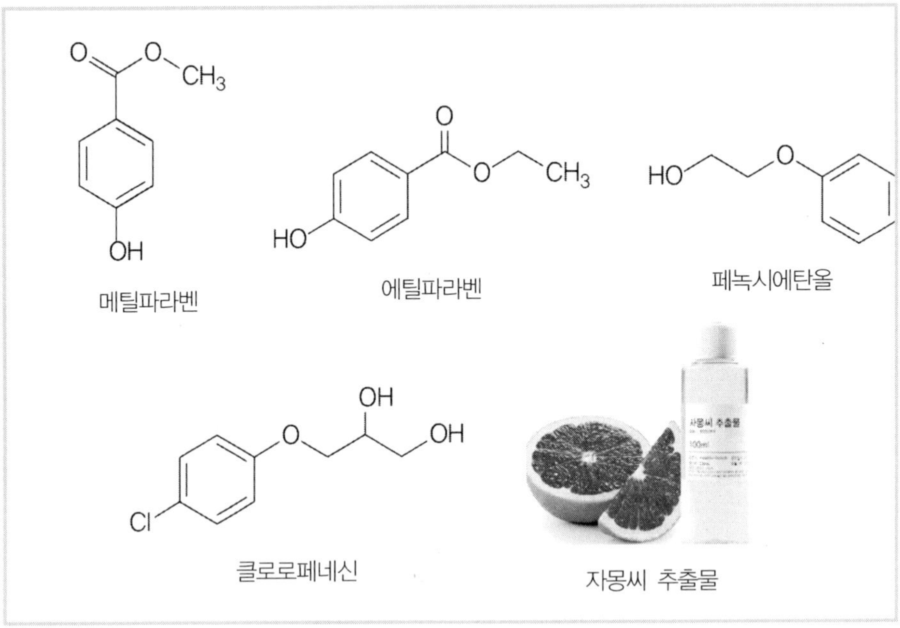

그림 6.12 화장품용 방부제

6.5 화장품의 색소

색깔을 규정짓는 특성으로 색상, 채도, 명도가 있다. 색상은 흔히 색의 종류를 의미하며 빨강(red), 노랑(yellow), 초록(green), 파랑(blue), 보라(purple) 등 다섯 개의 색을 기본으로 하여 다양한 조합을 통해 창조되었다. 채도는 색의 선명도를 의미하며, 명도는 색의 밝기를 뜻한다. 같은 붉은색이라 해도 색상의 조합에 의해 매우 다양한 색들을 창조할 수 있다(그림 6.13, 6.14 참조).

화장품에 사용가능한 색소는 화장품의 색소 종류와 기준 및 시험방법(식품의약품안전처 고시 제2019-73호)에 의해 지정 고시되어 있다. 본 장에서는 이 고시를 기준으로 화장품용 색소를 소개하고자 한다.

우선 색의 기본 용어로서 염료, 안료, 레이크를 알아야 한다. 염료(dye)는 물 또는 오일에 녹는 색소로서 기초화장품, 모발화장품에 혼합되어 적절한 색상을 부여하는 역할을 한다. 특히 유기 합성 색소를 타르(tar)색소라고도 한다. 타르색소란

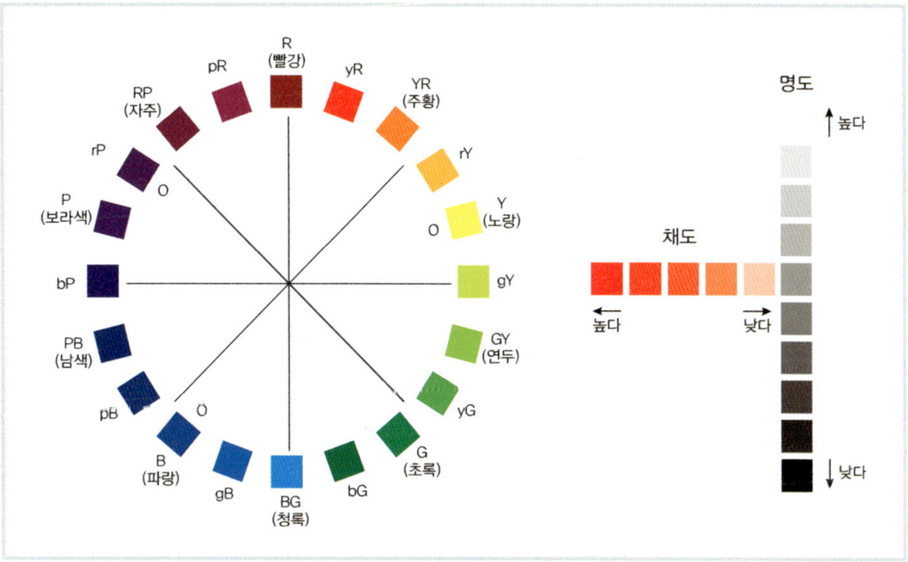

그림 6.13 색상, 명도, 채도

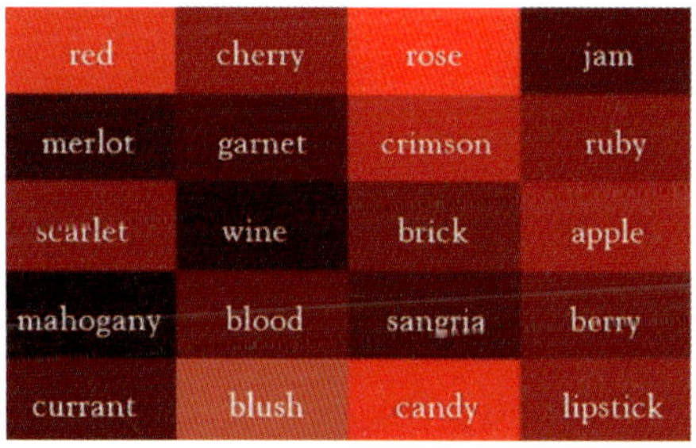

그림 6.14 다양한 종류의 붉은색

색소 중 콜타르, 그 중간 생성물에서 유래되었거나 유기 합성하여 얻은 색소 및 레이크, 염, 희석제의 혼합물을 의미한다.

안료(pigment)는 물과 오일에 녹지 않고 작은 고체 입자(분말)로서 존재하며 빛을 반사하거나 차단하고, 얼굴에 대한 커버력이 우수하여 색조화장품에 널리 사용된다. 무기안료는 제품의 색조를 조절하는 착색안료, 은폐력을 조절하는 백색안료와 제품의 제형, 사용성, 광택을 증가시키는 체질안료로 나눌 수 있다. 무기안료에는 마이카, 탈크, 카올린, 산화아연(ZnO), 산화티타늄(TiO_2), 진주광택안료 등이 대표적이다. 레이크(lake)란 수용성 염료를 알루미늄, 마그네슘, 칼슘 등의 염과 반응시켜 물과 오일에 녹지 않게 만든 것을 말한다.

최근 천연화장품의 인기가 높아짐에 따라 천연색소도 많은 관심을 끌고 있다. 천연색소의 주성분은 화학구조를 기초로 대략 카로티노이드계(carotenoids, 당근, 오렌지, 파프리카, 토마토 등), 플라보노이드계(flavonoids, 포도, 딸기, 양파 등), 퀴논계(quinoids, 코치닐 등) 등으로 분류할 수 있으며 각 구조는 그림 6.15와 같다.

화장품에 사용할 수 있는 색소의 종류는 화장품의 색소 종류와 기준 및 시험방법 별표 1에 나타나 있다. 별표 1에는 57종의 타르색소(연번 1–57)와 45종의 무기색소, 천연색소(연번 58–102) 및 염모용으로만 사용할 수 있는 타르색소(연번 103–127)가 지정되어 있다. 색소의 대표적인 성분을 다음에 소개한다.

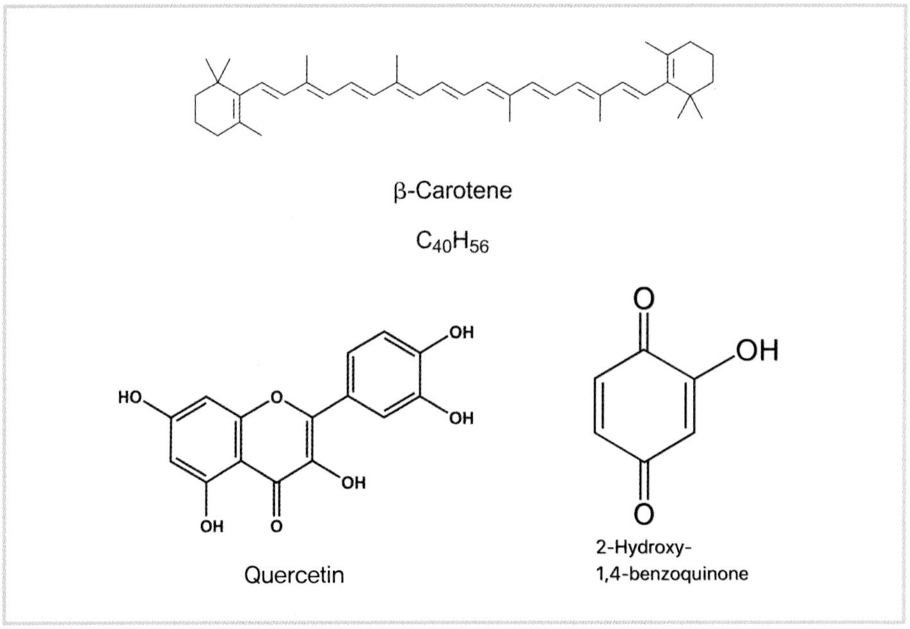

그림 6.15 베타카로틴, 퀘르세틴, 벤조퀴논의 화학구조

그림 6.16 무기색소의 종류

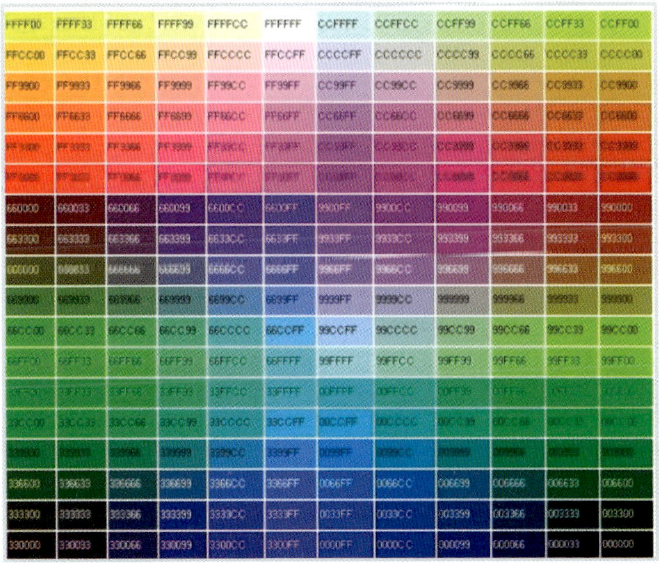

그림 6.17 유기색소의 종류

그림 6.18 천연색소의 종류

표 6.1 화장품용 색소의 종류

연번	색소	사용제한	비고
1	녹색 204호(피라닌콘크, Pyranine Conc)* CI 59040 8-히드록시-1, 3,6-피렌트리설폰산의 트리나트륨염 ◎ 사용한도 0.01%	눈 주위 및 입술에 사용할 수 없음	타르 색소
2	녹색 401호(나프톨그린 B, Naphthol Green B)* CI 10020 5-이소니트로소-6-옥소-5	눈 주위 및 입술에 사용할 수 없음	타르 색소
3	등색 206호(디요오드플루오레세인, Diiodofluorescein)* CI 45425:1 4′,5′-디요오드-3′, 6′-디히드록시스피로[이소벤조푸란-1(3H), 9′-[9H]크산텐]-3-온	눈 주위 및 입술에 사용할 수 없음	타르 색소
4	등색 207호(에리트로신 옐로위쉬 NA, Erythrosine Yellowish NA)* CI45425 9-(2-카르복시페닐)-6-히드록시-4, 5-디요오드-3H-크산텐-3-온의 디나트륨염	눈 주위 및 입술에 사용할 수 없음	타르 색소
5	자색 401호(알리주롤퍼플, Alizurol Purple)* CI 60730 1-히드록시-4-(2-설포-p-톨루이노)-안트라퀴논의 모노나트륨염	눈 주위 및 입술에 사용할 수 없음	타르 색소
6	적색 205호(리톨레드, Lithol Red)* CI 15630 2-(2-히드록시-1-나프틸아조)-1-나프탈렌설폰산의 모노나트륨염 ◎ 사용한도 3%	눈 주위 및 입술에 사용할 수 없음	타르 색소

B. 무기색소(화장품의 색소 종류와 기준 및 시험방법 별표 1에서 발췌)			
연번	색소	사용제한	비고
75	크로뮴옥사이드그린(크롬(III) 옥사이드, Chromium Oxide Greens) CI 77288	–	
76	크로뮴하이드로사이드그린(크롬(III) 하이드록사이드, Chromium Hydroxide Green) CI 77289	–	
77	코발트알루미늄옥사이드(Cobalt Aluminum Oxide) CI 77346	–	
78	구리(카퍼, Copper) CI 77400	–	
79	금(Gold) CI 77480	–	
80	페러스옥사이드(Ferrous Oxide, Iron Oxide) CI 77489	–	
81	적색산화철(아이런옥사이드레드, Iron Oxide Red, Ferric Oxide) CI 77491	–	
82	황색산화철(아이런옥사이드옐로우, Iron Oxide Yellow, Hydrated Oxide) CI 77492	–	
83	흑색산화철(아이런옥사이드블랙, Iron Oxide Black, Ferrous–Ferric Oxide) CI 77499	–	
84	페릭암모늄페로시아나이드(Ferric Ammonium Ferrocyanide) CI 77510	–	
85	페릭페로시아나이드(Ferric Ferrocyanide) CI 77510	–	

(계속)

C. 천연색소(화장품의 색소 종류와 기준 및 시험방법 별표 1에서 발췌)			
연번	색소	사용제한	비고
59	라이코펜(Lycopene) CI 75125	–	
60	베타카로틴(Beta–Carotene) CI 75130	–	
61	구아닌(2–아미노–1,7–디하이드로–6H–퓨린–6–온, Guanine, 2–Amino –1,7–dihydro–6H–purin–6–one) CI 75170	–	
62	커큐민(Curcumin) CI 75300	–	
63	카민류(Carmines) CI 75470	–	
64	클로로필류(Chlorophylls) CI 75810	–	

D. 염모용 색소(화장품의 색소 종류와 기준 및 시험방법 별표 1에서 발췌)			
연번	색소	사용제한	비고
103	염기성갈색 16호(Basic Brown 16) CI 12250	염모용 화장품에만 사용	타르색소

104	염기성청색 99호(Basic Blue 99) CI 56059	염모용 화장품에만 사용	타르색소
105	염기성적색 76호(Basic Red 76) CI 12245 ◎ 사용한도 2%	염모용 화장품에만 사용	타르색소
106	염기성갈색 17호(Basic Brown 17) CI 12251 ◎ 사용한도 2%	염모용 화장품에만 사용	타르색소
107	염기성황색 87호(Basic Yellow 87) ◎ 사용한도 1%	염모용 화장품에만 사용	타르색소
108	염기성황색 57호(Basic Yellow 57) CI 12719 ◎ 사용한도 2%	염모용 화장품에만 사용	타르색소
109	염기성적색 51호(Basic Red 51) ◎ 사용한도 1%	염모용 화장품에만 사용	타르색소
110	염기성등색 31호(Basic Orange 31) ◎ 사용한도 1%	염모용 화장품에만 사용	타르색소
111	에치씨청색 15호(HC Blue No. 15) ◎ 사용한도 0.2%	염모용 화장품에만 사용	타르색소

그림 6.19 염모용 색소의 종류

6.6 화장품의 향료

현재 국내 화장품 관련 규정 어디에도 향료에 대한 규정은 없다. 따라서 제조업자는 원하는 향료에 대해 안전성이 보장된다는 조건하에 무제한으로 사용할 수 있다. 화장품용 향료는 식물성 향료, 합성 향료가 대부분이며, 동물성 향료는 예전에는 많이 사용되었지만 현재는 사용이 금지되고 있다. 대표적인 식물성 향료로는 자스민, 장미, 일랑일랑, 오렌지, 은방울꽃, 금잔화, 수선화, 라벤더, 백리향, 제리늄, 세이지, 로즈미리, 샌들우드, 발삼 등이 있다.

라벤더 (Lavender) | 자스민 (Jasmine) | 일랑일랑 (Yilang Yilang) | 백리향 (Thyme)

그림 6.20 천연향을 내는 식물

향수에는 유기합성 향료도 대단히 많이 사용된다. 리모넨(오렌지 향), 유제놀(클로버 향), 페닐에틸알콜(장미 향), 시트랄(레몬 향), 헥실신나믹알데하이드(자스민 향), 벤질벤조에이트(발삼 향) 등이 대표적이다. 향료 중 제라니올, 유제놀 등 일부 방향성 물질들은 사람에 알레르기를 일으키는 성분으로 알려져 있어 사용에 주의를 기울여야 한다.

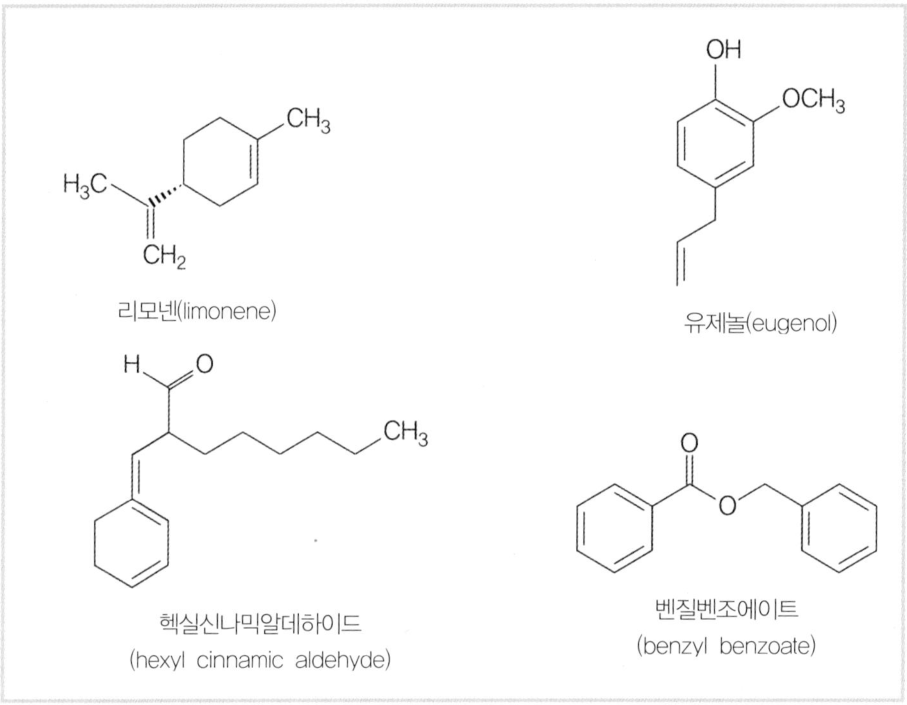

그림 6.21 향을 내는 화학물질

6.7 기타 화장품 소재

수성 성분, 유성 성분, 계면활성제 및 방부제의 기본 기초화장품 소재 이외에 화장품에 첨가될 수 있는 소재는 매우 많다. 대부분의 화장품에는 색소, 향이 첨가되며 또한 일부 기초화장품에는 미백, 주름개선, 및 자외선차단 효과를 내는 기능성 화장품 성분(7장 참조)들이 배합되기도 한다. 본 장에서는 이들 외에 화장품에 자주 혼합되는 산화방지제, 점증제, 킬레이트제 등에 대해 소개하고자 한다. 기초화장품에는 이들 성분이 모두 사용되는 것은 아니고 필요에 따라 여러 성분들이 추가되기도 하고, 다른 물질들로 대체될 수도 있다.

산화방지제는 화장품 성분들이 공기에 노출될 때 산소와 결합하여 산화되는 것을 막아주는 역할을 한다. 대표적인 산화방지제로는 디부틸히드록시톨루엔(dibutyl hydroxy toluene, BHT), 비타민 C 유도체, 비타민 E 등이 있다.

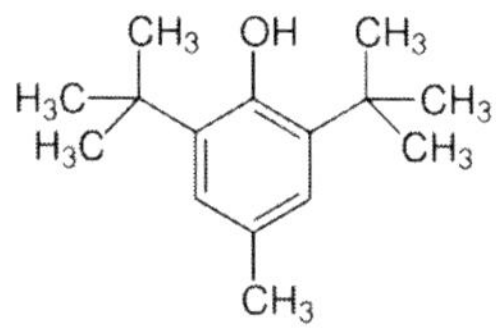

디부틸히드록시톨루엔

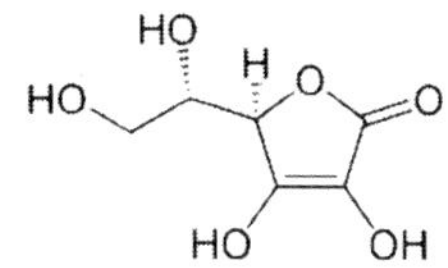

비타민 C

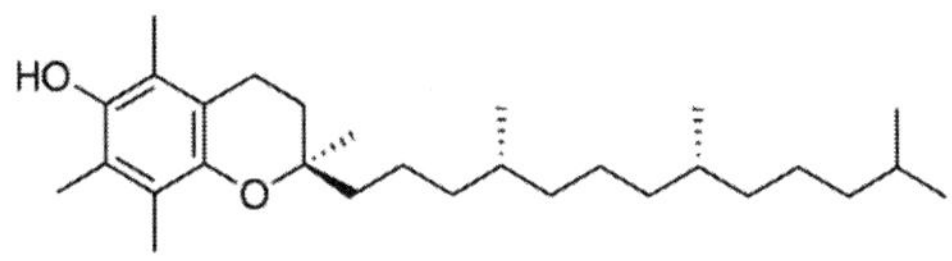

비타민 E

그림 6.22 산화방지제의 종류

점증제는 화장품에 배합되어 점도를 증가시키는 물질이다. 대표적인 성분으로는 수용성 고분자 물질인 카르복시메틸셀룰로즈(carboxymethyl cellulose), 히드록시에틸셀룰로즈와 폴리비닐알코올(poly vinyl alcohol), 카르복시비닐폴리머와 천연 껌

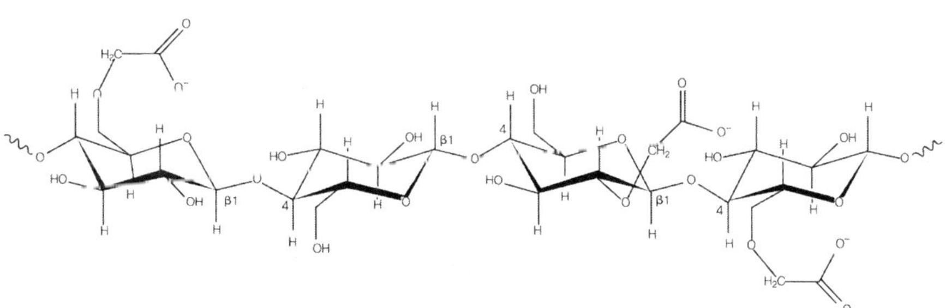

카르복시메틸셀룰로즈

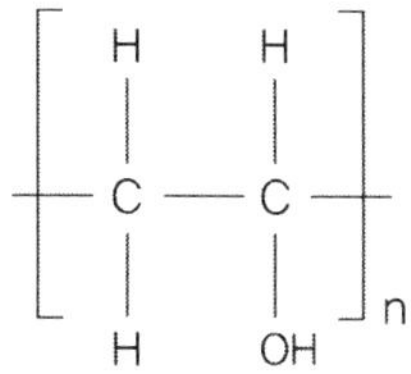

폴리비닐알코올

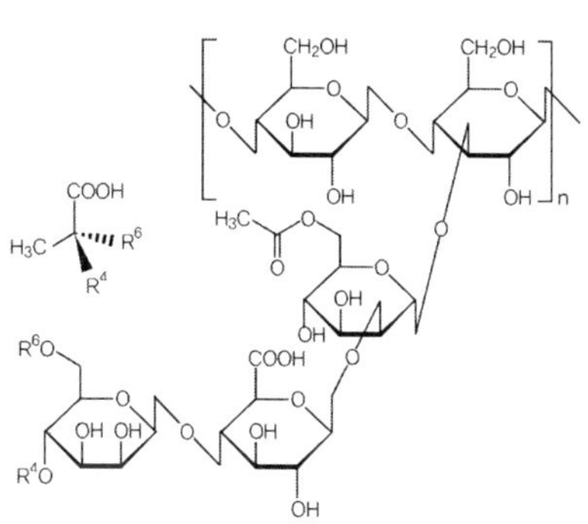

잔탄검

그림 6.23 점증제의 종류

성분인 잔탄검(xanthan gum) 등이 있다.

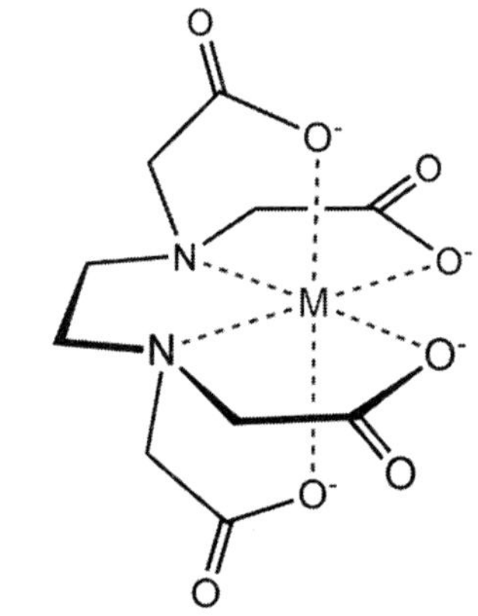

그림 6.24 에틸렌디아민테트라아세트산(M은 결합된 금속 이온)

킬레이트제(chelating agent)는 금속 이온 봉쇄제라고도 한다. 화장품 제조 공정에서 금속 이온이 불순물로 첨가되면 촉매 작용을 하여 화장품 성분의 분해를 촉진하는데 이들을 막아주는 역할로서 첨가된다. 대표적인 킬레이트제로는 에틸렌디아민테트라아세트산(ethylenediaminetetraacetic acid, EDTA) 등이 있다.

6.8 천연화장품 및 유기농화장품의 기준

현재 전 세계적으로 천연화장품 및 유기농화장품이 큰 인기를 끌고 있다. 따라서 우리나라의 식품의약품안전처에서는 이에 관한 기준을 식품의약품안전처 고시 제2019-66호(2019. 7. 29. 일부개정)에 공고하였다(부록 1 참조).

제2조(용어의 정의) "유기농 원료"란 다음 각 목의 어느 하나에 해당하는 화장품 원료를 말한다.

가. 「친환경농어업 육성 및 유기식품 등의 관리·지원에 관한 법률」에 따른 유기농수산물 또는 이를 이 고시에서 허용하는 물리적 공정에 따라 가공한 것

나. 외국 정부(미국, 유럽연합, 일본 등)에서 정한 기준에 따른 인증기관으로부터 유기농수산물로 인정받거나 이를 이 고시에서 허용하는 물리적 공정에 따라 가공한 것

다. 국제유기농업운동연맹(IFOAM)에 등록된 인증기관으로부터 유기농 원료로 인증받거나 이를 이 고시에서 허용하는 물리적 공정에 따라 가공한 것

제3조(사용할 수 있는 원료) ① 천연화장품 및 유기농화장품의 제조에 사용할 수 있는 원료는 다음 각 호와 같다. 다만, 제조에 사용하는 원료는 별표 2의 오염물질에 의해 오염되어서는 아니 된다.

1. 천연 원료
2. 천연유래 원료
3. 물
4. 기타 별표 3 및 별표 4에서 정하는 원료

② 합성원료는 천연화장품 및 유기농화장품의 제조에 사용할 수 없다. 다만, 천연화장품 또는 유기농화장품의 품질 또는 안전을 위해 필요하나 따로 자연에서 대체하기 곤란한 제1항 제4호의 원료는 5% 이내에서 사용할 수 있다. 이 경우에도 석유화학 부분(petrochemical moiety의 합)은 2%를 초과할 수 없다.

제4조(제조공정) ① 원료의 제조공정은 간단하고 오염을 일으키지 않으며, 원료 고유의 품질이 유지될 수 있어야 한다. 허용되는 공정 또는 금지되는 공정은 별표 5와 같다.

② 천연화장품 및 유기농화장품의 제조에 대해 금지되는 공정은 다음 각 호와 같다.

1. 별표 5의 금지되는 공정
2. 유전자 변형 원료 배합
3. 니트로스아민류 배합 및 생성
4. 일면 또는 다면의 외형 또는 내부구조를 가지도록 의도적으로 만들어진 불용성이거나 생체지속성인 1~100나노미터 크기의 물질 배합
5. 공기, 산소, 질소, 이산화탄소, 아르곤 가스 외의 분사제 사용

제5조(작업장 및 제조설비) ① 천연화장품 또는 유기농화장품을 제조하는 작업장 및

제조설비는 교차오염이 발생하지 않도록 충분히 청소 및 세척되어야 한다.
② 작업장과 제조설비의 세척제는 별표 6에 적합하여야 한다.

제6조(포장) 천연화장품 및 유기농화장품의 용기와 포장에 폴리염화비닐(polyvinyl chloride, PVC), 폴리스티렌폼(polystyrene foam)을 사용할 수 없다.

제7조(보관) ① 유기농화장품을 제조하기 위한 유기농 원료는 다른 원료와 명확히 표시 및 구분하여 보관하여야 한다.
② 표시 및 포장 전 상태의 유기농화장품은 다른 화장품과 구분하여 보관하여야 한다.

제8조(원료조성) ① 천연화장품은 별표 7에 따라 계산했을 때 중량 기준으로 천연 함량이 전체 제품에서 95% 이상으로 구성되어야 한다.
② 유기농화장품은 별표 7에 따라 계산하였을 때 중량 기준으로 유기농 함량이 전체 제품에서 10% 이상이어야 하며, 유기농 함량을 포함한 천연 함량이 전체 제품에서 95% 이상으로 구성되어야 한다.
③ 천연 및 유기농 함량의 계산 방법은 별표 7과 같다.

연습문제

1 화장품의 수성 성분에 대해 설명하시오.

2 화장품의 유성 성분에 대해 설명하시오.

3 화장품의 계면활성제에 대해 설명하시오.

4 화장품의 방부제 종류에 대해 설명하시오.

5 천연화장품과 유기농화장품의 천연성분 비율은 어떻게 되나?

6 플라보노이드란 무엇인가?

7 화장품 색소 중 염료, 안료, 레이크란 무엇인가?

샤넬 No.5

샤넬 No.5는 전 세계 향수 중 아마도 가장 유명한 향수일 것이다. 이 향수는 러시아 출신의 전설적 조향사인 에르네스드 보(Ernest Beaux)의 작품으로 향수 중 합성 알데하이드(RCHO 구조)를 첨가한 최초의 향수이다. 코코 샤넬(Coco Chanel)이 향수 제조를 위해 초빙한 조향사인 에르네스트 보는 25개의 향수 샘플을 만들었고, 샤넬은 이중 다섯 번째를 점찍었다. 샤넬 No.5가 결정적으로 유명세를 타게 된 계기는 미국의 마릴린 먼로가 인터뷰에서 '침대에서 뭘 입고 주무세요?'라는 질문에 샤넬 No.5를 입는다고 답한 일이다.

코코 샤넬은 현대 서양 캐주얼 디자인의 선구자였다. 샤넬 이전에는 서양의 귀부인들은 공식행사에서 통근 치마의 아주 불편한 의상을 입었으나 샤넬은 과감한 캐주얼 의상을 선보여 당시로는 혁명적인 의복문화의 변화를 시작하였다. 타임지는 이러한 공로로 코코 샤넬을 패션디자이너로는 유일하게 20세기의 100대 인물 중 한 사람으로 선정하였다.

7장

기능성화장품 소재 및 시험법

기능성화장품에 대한 자세한 사항들은 기능성화장품 기준 및 시험방법(식품의약품안전처 고시 제2020-132호)과 기능성화장품 심사에 관한 규정(식품의약품안전처 고시 제2023-61호)에 따른다.

7.1 미백 소재

우리나라의 식품의약품안전처에서 공인한 미백 소재는 다음과 같으며 이중 알부틴이 가장 널리 사용되고 있다.

표 7.1 식품의약품안전처 공인 미백 소재

연번	성분명	함량
1	닥나무 추출물 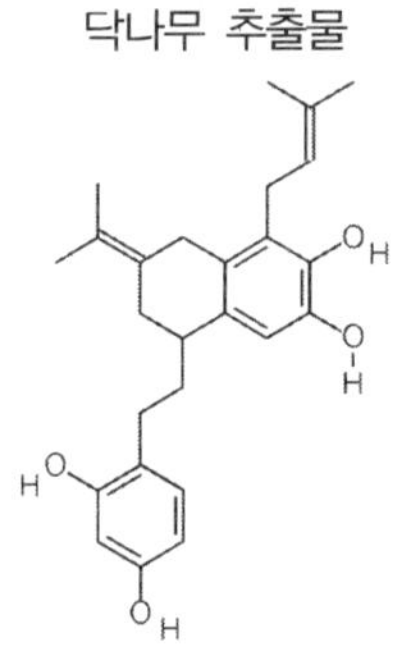 카자이놀 f(Kazainol f)	2%
2	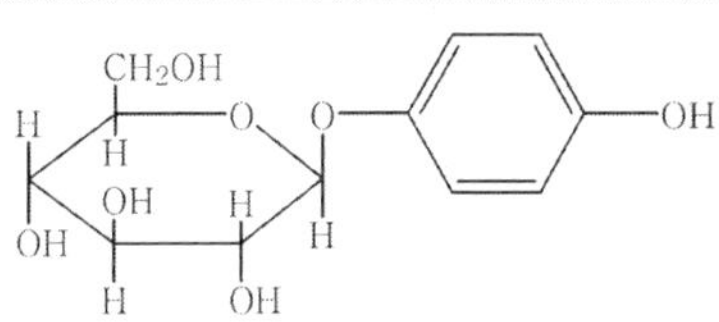 알부틴	2~5%
3	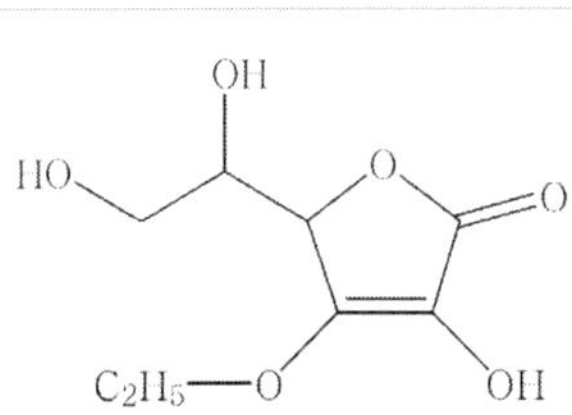 에틸아스코빌에텔	1~2%

연번	성분명	함량
4	유용성감초 추출물 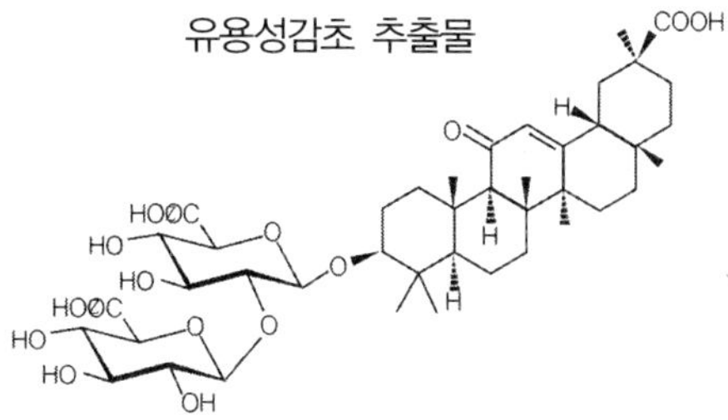 글리실리진산(glycyrrhizinic acid)	0.05%
5	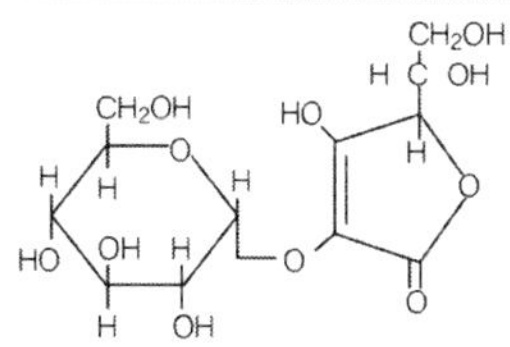 아스코빌글루코사이드	2%
6	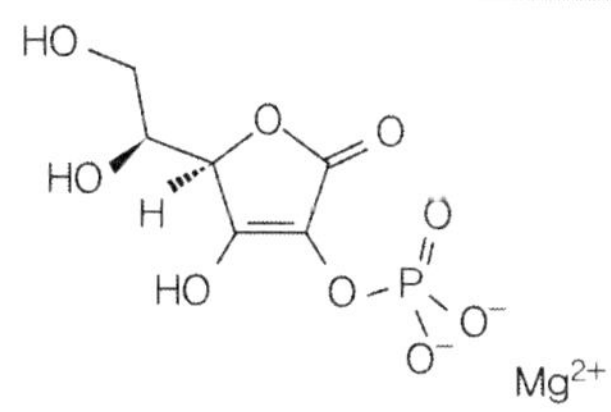 마그네슘아스코빌포스페이트	3%
7	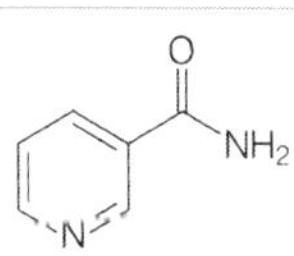 나이아신아마이드	2~5%
8	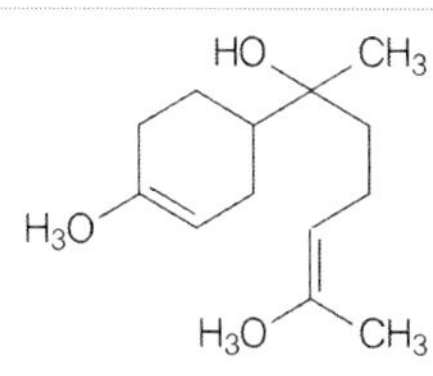 알파-비사보롤	0.5%
9	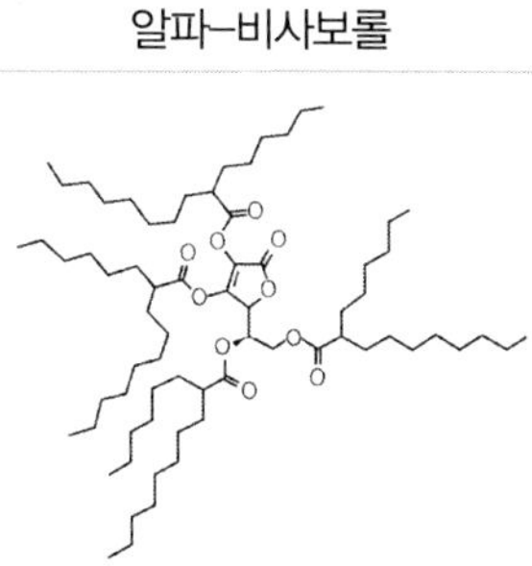 아스코빌테트라이소팔미테이트	2%

(계속)

새로운 미백화장품 소재의 개발은 기능성화장품의 유효성평가를 위한 가이드라인(식품의약품안전처)에 따른다.

1. 효력시험자료

A. In vitro tyrosinase 활성저해시험(In vitro tyrosinase inhibition assay)

이 시험은 멜라닌 생합성 경로의 첫 번째 단계에 관여하는 효소인 tyrosinase의 활성억제정도를 평가하는 시험이며 그 구체적인 방법은 다음과 같다(그림 7.1). 0.1 M potassium phosphate buffer(pH 6.8) 220 μl, 1.5 mM L-tyrosine(반응물) 40 μl, 20 μl 추출물(시험물질, 100-1,000 ㎍/ml)을 혼합하고 20 μl 버섯유래 tyrosinase(효소, 2,000 U/ml)를 첨가하여 37℃에서 10분간 반응시킨다. 그 후 ELISA reader로 490 nm 파장에서 흡광도를 측정하여 tyrosinase 활성억제정도를 평가한다. 여주(Momordica charantia) 추출물의 tyrosinase 활성저해시험 결과가 그림 7.2에 나타나 있다.

B. In vitro DOPA 산화활성저해시험(In vitro DOPA oxidation inhibition assay)

이 시험은 멜라닌 생합성 경로의 두 번째 단계에 관여하는 효소인 tyrosinase의 활성억제를 평가하는 시험으로 앞의 A와 효소는 동일하나 그 반응물이 DOPA로 서로 다르다. 0.1 M potassium phosphate buffer(pH 7.0) 200 μl, 버섯유래 tyrosinase(효소, 2,000 U/ml) 20 μl와 40 μl 시료(시험물질, 100-1,000 ㎍/ml)를 혼합하고 37℃에서 6분간 유지한다. 2 mM DOPA 40 μl를 첨가하고 37℃에서 1분간 반응시킨 후 ELISA reader로 475 nm에서 흡광도를 측정하여 활성억제정도를 평가한다. 여주(Momordica charantia) 추출물의 DOPA 산화활성저해시험 결과가 그림 7.3에 나타나있다.

C. 세포 내의 멜라닌생성저해시험(Melanogenesis inhibition assay)

이 시험방법은 세포배양 시 세포 내의 멜라닌 생성량을 공시료액과 비교하는 것이다. 6-well plate에 B16F10 mouse melanoma cell을 1×10^5 cell/ml로 분주한 후 37℃(5% CO_2 incubator)에서 24시간 동안 배양한다. α-MSH(2 mM)와 추출물(시험물질, 최종농도 50, 100, 200 μg/ml)을 포함하고 있는 배지로 교체한 후 24시간 배양한다. PBS로 세척 후 trypsin으로 세포를 떼어내어

수거하며 세포는 건조한 후 60℃에서 DMSO를 10% 함유한 1N NaOH 용액에 녹인다. 용해된 세포 추출물은 ELISA reader로 405 nm에서 흡광도를 측정하여 멜라닌생성 저해정도를 평가한다.

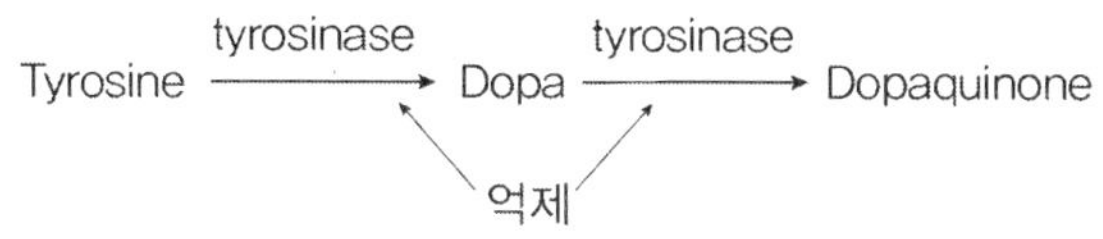

그림 7.1 미백효과 시험법. 첫 단계는 A. tyrosinase 활성저해시험, 두 번째 단계는 B. Dopa 산화활성저해시험

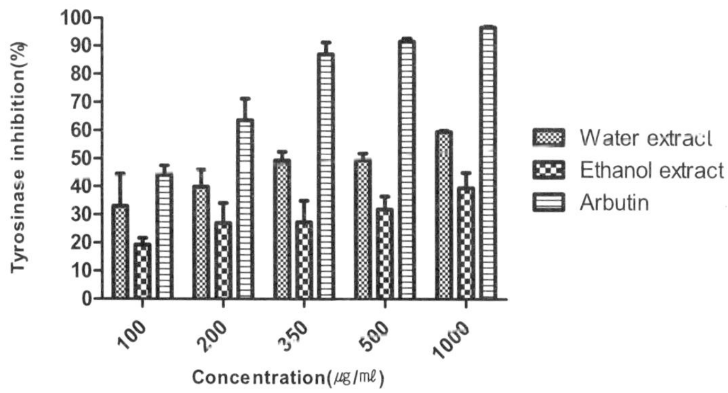

그림 7.2 여주(*Momordica charantia)* 추출물의 tyrosinase 활성저해시험(김현우 등, 2014)

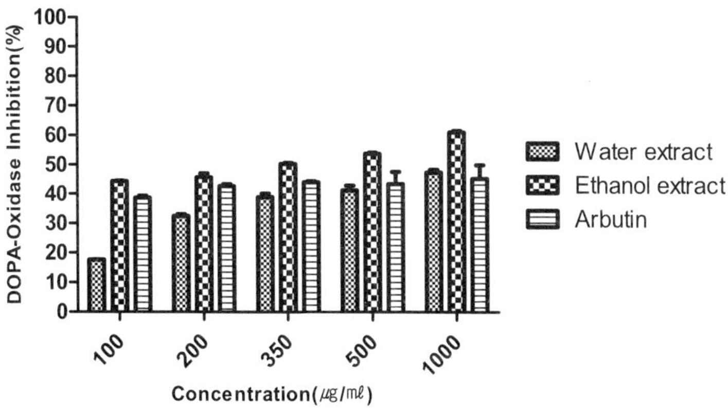

그림 7.3 여주(*Momordica charantia*) 추출물의 DOPA 산화활성저해시험(김현우 등, 2014)

2. 인체적용시험자료

A. 인공색소 침착 후 미백효과평가시험(Efficacy evaluation on induced pigmentation)

피험자의 등에 자외선을 조사한 후 인공색소를 침착하고 시험물질을 도포한 후 피부의 상태를 기기 및 육안평가하는 임상시험이다. 이 시험은 반드시 경험과 자격이 충분한 피부과 의사에 의해 시행되어야 한다.

B. 과색소 침착증에서 미백효과평가시험(Efficacy evaluation on hyper- melanosis)

이 시험은 과색소 침착증이 있는 사람들을 대상으로 시험물질을 도포한 후 피부의 상태를 기기 및 육안평가하는 임상시험으로 경험과 자격이 충분한 피부과 의사에 의해 평가되어야 한다.

7.2 주름개선 소재

우리나라의 식품의약품안전처에서 공인한 주름개선 소재는 다음과 같으며 이중 3 종류는 레티노이드로 분류된다.

표 7.2 식품의약품안전처 공인 주름개선 소재

연번	성분명	함량
1	레티놀 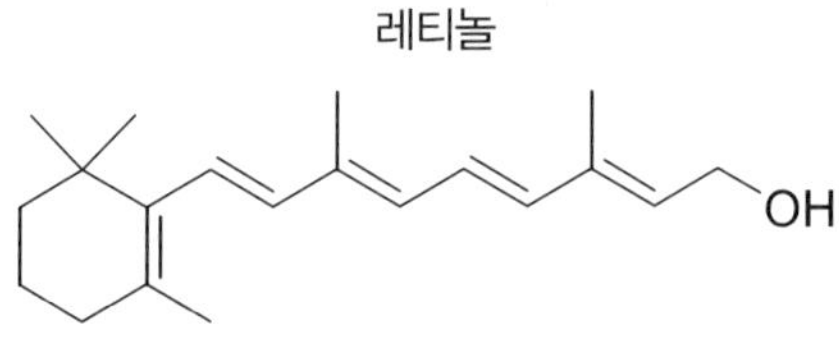	2,500 IU/g
2	레티닐팔미테이트 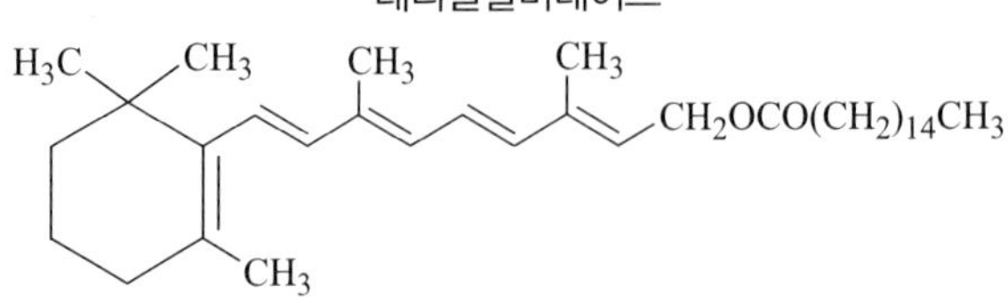	10,000 IU/g

(계속)

연번	성분명	함량
3	아데노신 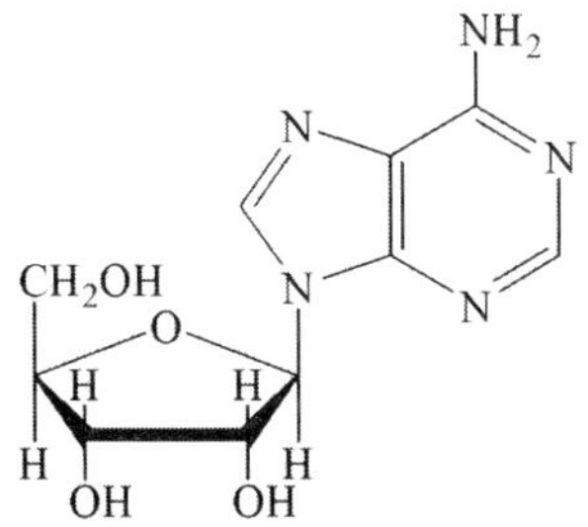	0.04%
4	폴리에톡실레이티드레틴아마이드 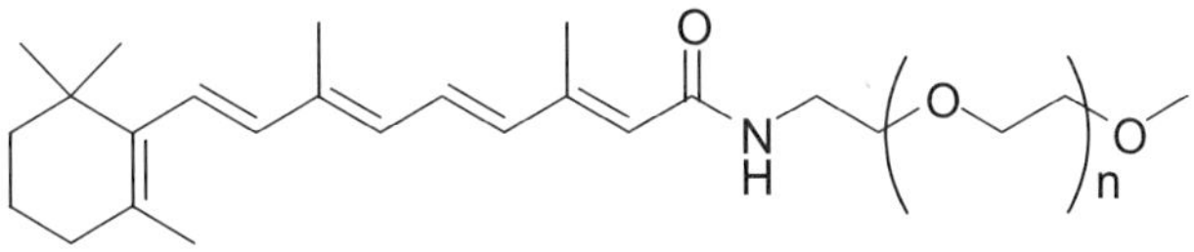	0.05~0.2%

새로운 주름개선 소재의 개발은 기능성화장품의 유효성평가를 위한 가이드라인(식품의약품안전처)을 따른다.

1. 효력시험자료

A. 세포 내 콜라겐 생성시험(Collagen synthesis assay)

이 시험방법은 섬유아세포(fibroblast) 배양 시 시료의 세포 내 콜라겐생성 증가 정도를 공시험액과 비교하는 것이다. 24 well plate에 섬유아세포를 1×10^5 cells/ well씩 분주하여 10% FBS/DMEM 배지로 24시간 배양시킨 다음 serum free 배지로 단계적으로 희석한 시료를 가하고 다시 24시간 동안 CO_2 incubator에서 배양한다. 세포 배양액을 가지고 Procollagen Type I C-peptide EIA kit를 이용하여 콜라겐 양을 측정한다. 먼저 antibody-POD conjugate solution 100 μl를 각 well에 첨가하고, 시험물질과 standard를 20 μl씩 넣은 뒤 혼합한 후, 37℃에서 3시간 반응시키고, 내용물을 제거한 뒤 PBS 400 μl로 4번 세척한다. 제거 후 기질용액 100 μl를 넣고 20~30℃에서 15분간 반응시킨 후, 1N H_2SO_4 100 μl를 첨가하여 발색을 중지시키고 혼합한다. 450 nm에서 흡광도를 측정하여 표준농도곡선을 작성하고 콜라겐 양을 계산한다.

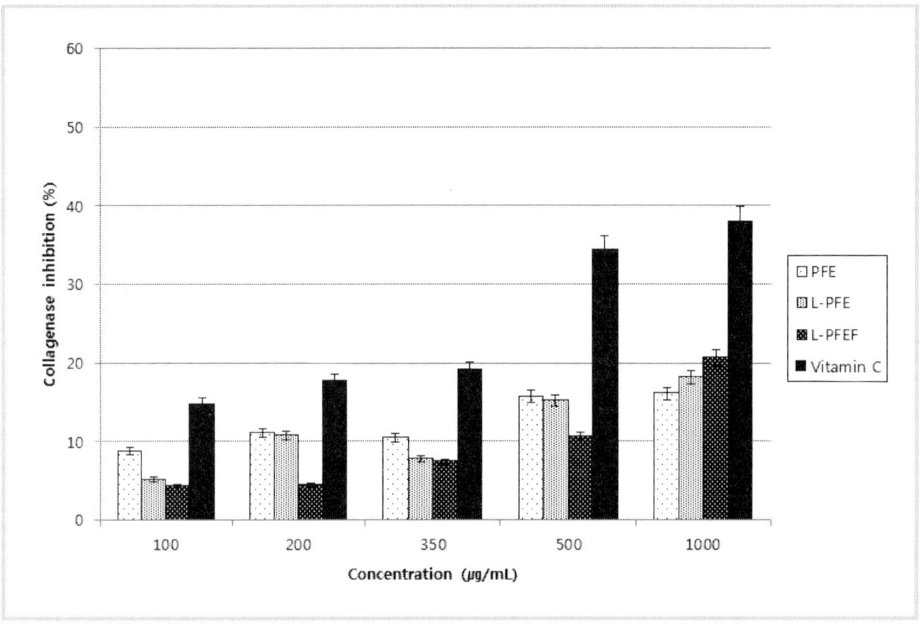

그림 7.4 지실 발효 추출물(Fermented Ponciri Fructus Extracts)의 콜라게나제 활성 억제 시험 (황단비 등, 2015)

B. 세포 내 콜라게나제 활성 억제 시험(Collagenase inhibition assay)

이 시험방법은 섬유아세포(fibroblast) 배양 시 시료가 세포내 콜라게나제 생성 억제 정도를 공시료액과 비교하는 것이다. 농도별로 희석한 시료 80 μl와 DQ gelatin 20 μl를 well plate에 넣고 100 μl clostridium collagenase enzyme과 혼합하고 빛을 차단하여 실온에서 1~2시간 반응시킨 후 495 nm 파장에서 흡광도를 측정하여 억제 정도를 평가한다. 지실 발효추출물(Fermented Ponciri Fructus Extracts)의 콜라게나제 활성 억제 시험 결과가 그림 7.4에 나타나 있다.

C. 엘라스타제 활성 억제 시험(Elastase inhibition assay)

이 시험방법은 시험물질과 대조물질의 섬유아세포(fibroblast) 엘라스타제 활성 억제 정도를 비교하는 것이다. 0.2M Tris-Cl buffer(pH 8.0)에 기질인 N-succinyl- $(Ala)_3$-p-nitroanilide를 녹여 1.0 mM 농도로 제조한다. 버퍼 200 μl에 추출물 20 μl와 2.5 U/ml porcine pancreas elastase(PPE)을 20 μl씩 첨가하고 25℃에서 10분간 반응시킨 후 ELISA reader로 410 nm에서

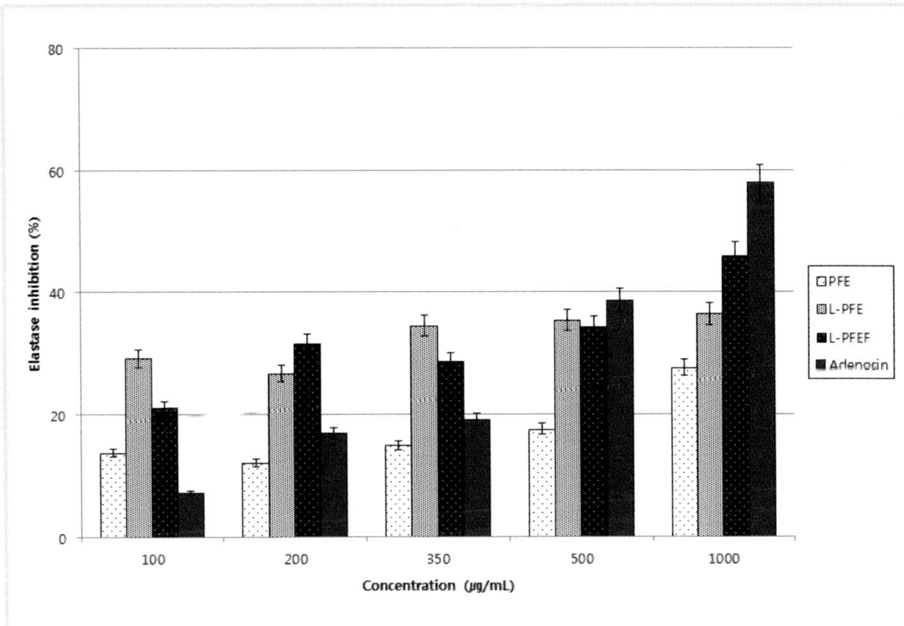

그림 7.5 지실 발효 추출물(Fermented Ponciri Fructus Extracts)의 엘라스타제 활성 억제 시험 (황단비 등, 2015)

흡광도를 측정하여 활성 억제 정도를 평가한다. 지실 발효추출물(Fermented Ponciri Fructus Extracts)의 엘라스타제 활성 억제 시험 결과가 그림 7.5에 나타나 있다.

2. 인체적용시험자료

A. 피부주름의 측정 평가

시험부위는 얼굴의 눈가, 입가 등 주름을 보유하고 있는 부위를 선정한다. 얼굴 좌 · 우측을 절반으로 나누어 시료와 대조군을 도포하거나 또는 2개 그룹으로 나누어 한 그룹에는 시료 다른 그룹에는 대조군을 도포한다. 또한 선정한 시험부위를 다음 평가할 때 정확하게 인식하기 위하여 비닐종이 등을 얼굴에 대고 눈, 코, 입 등의 위치를 표시한 다음 시험부위를 표시하여 다음 평가 때 동일한 부위를 가지고 평가하도록 한다. 평가방법은 기기평가와 육안평가를 하며 충분한 경험과 지식을 가진 피부과 의사에 의해 시험이 시행되어야 한다. 돈태반 추출물의 피부주름 측정 평가 결과가 그림 7.6에 나타나 있다.

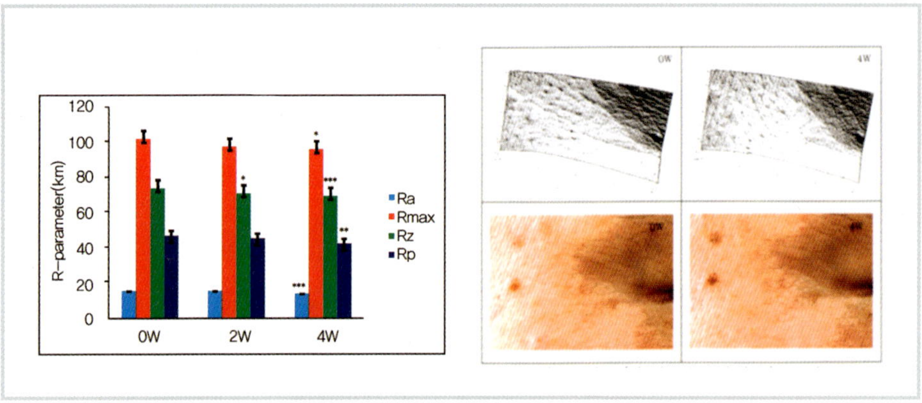

그림 7.6 돈태반 추출물의 피부주름 측정 평가(임상시험)(김동욱 등, 2010)

7.3 자외선 차단 소재

자외선 차단 소재는 자외선 반사 소재와 자외선 흡수 소재로 나눌 수 있다. 자외선 반사 소재는 산화티타늄(TiO_2), 산화아연(ZnO)이 대표적이며 자외선을 받으면 금속성 특성으로 인해 외부로 반사하는 특징이 있다. 이에 반해 부틸메톡시디벤조일메탄(butyl methoxydibenzoylmethane)과 같은 자외선 흡수 소재는 그 구조가 콘쥬게이션 형태로 되어 있어 자외선을 흡수하는 능력을 가지고 있다(그림 7.8).

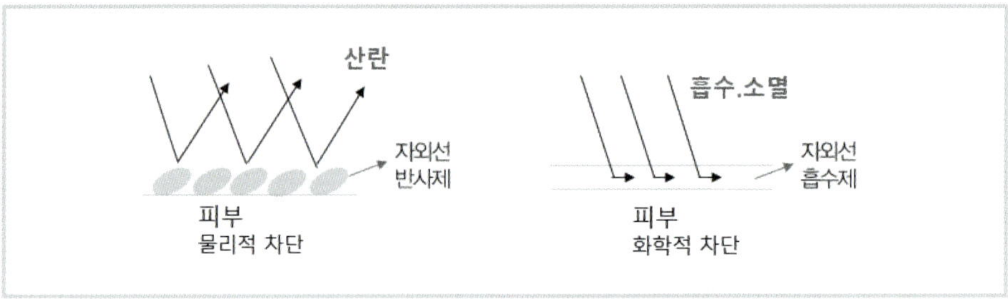

그림 7.7 자외선 반사제와 흡수제

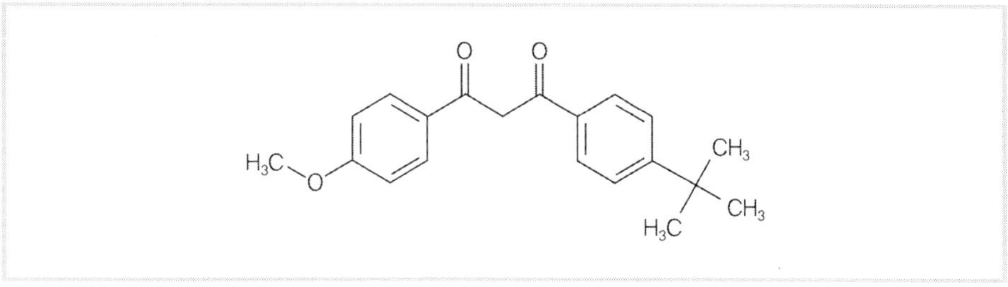

그림 7.8 부틸메톡시디벤조일메탄(butyl methoxydibenzoylmethane)의 화학구조

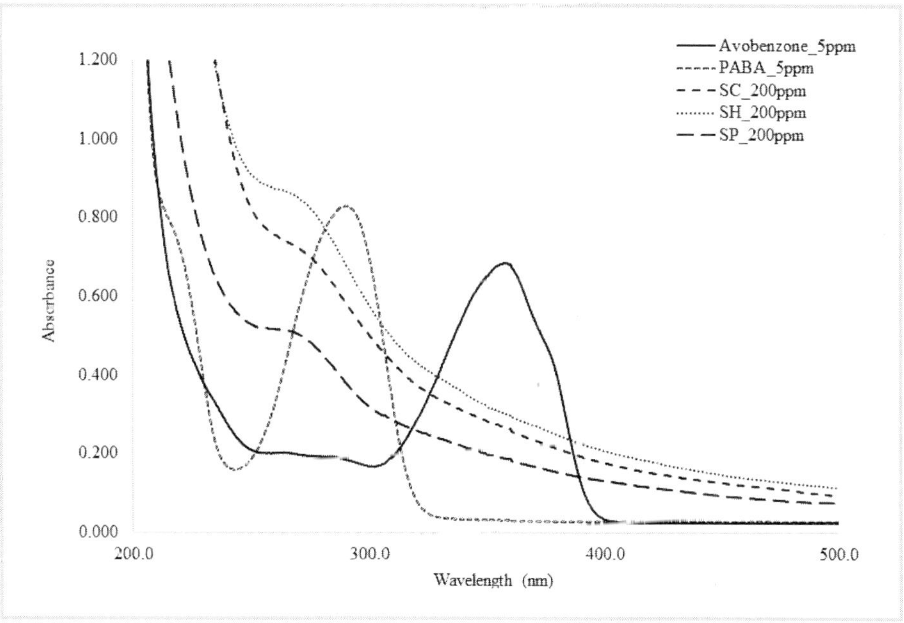

그림 7.9 모자반(Sargassum) 추출물의 자외선 흡수능(심하은 등, 2019)

자외선 차단 소재는 파장에 따른 자외선의 흡수력을 그림 7.9와 같이 시험하여 평가한다.

우리나라의 식품의약품안전처에서 공인한 자외선 차단 소재는 표 7.3과 같다.

표 7.3 식품의약품안전처 공인 자외선 차단 소재

원료명	사용 한도	비고
드로메트리졸트리실록산	15%	

(계속)

표 7.3 식품의약품안전처 공인 자외선 차단 소재

원료명	사용 한도	비고
드로메트리졸	1.0%	
디갈로일트리올리에이트	5%	
디소듐페닐디벤즈이미다졸테트라설포네이트	산으로서 10%	
디에틸헥실부타미도트리아존	10%	
디에틸아미노하이드록시벤조일헥실벤조에이트	10%	
로우손과 디하이드록시아세톤의 혼합물	로우손 0.25%, 디하이드록시아세톤 3%	
메틸렌비스-벤조트리아졸릴테트라메틸부틸페놀	10%	
4-메틸벤질리덴캠퍼	4%	
멘틸안트라닐레이트	5%	
벤조페논-3(옥시벤존)	5%	
벤조페논-4	5%	
벤조페논-8(디옥시벤존)	3%	
부틸메톡시디벤조일메탄	5%	
비스에틸헥실옥시페놀메톡시페닐트리아진	10%	
시녹세이트	5%	
에틸디하이드록시프로필파바	5%	
옥토크릴렌	10%	
에틸헥실디메틸파바	8%	
에틸헥실메톡시신나메이트	7.5%	
에틸헥실살리실레이트	5%	
에틸헥실트리아존	5%	
이소아밀-p-메톡시신나메이트	10%	
폴리실리콘-15(디메치코디에틸벤잘말로네이트)	10%	
징크옥사이드 ZnO	25%	
테레프탈릴리덴디캠퍼설포닉애씨드 및 그 염류	산으로서 10%	
티이에이-살리실레이트	12%	
티타늄디옥사이드 TiO2	25%	
페닐벤즈이미다졸설포닉애씨드	4%	
호모살레이트	10%	

자외선 차단지수의 평가방법은 기능성화장품 심사에 관한 규정(식품의약품안전처 고시 제2019-47호)[별표 3]에 따른다. 자외선B의 차단능은 SPF(Sun Protection Factor)로 수자로 표시되며, SPF 30의 의미는 자외선 차단제를 도포할 경우 바르지 않은 상태와 비교시 30배의 자외선 차단효과를 나타낸다는 의미이다. 자외선A의 차단능은 PFA(Protection Factor for UVA)로 표 7.4처럼 표기되며 역시 자외선 차단체를 피부에 도포하면 비도표시와 비교할 때 각 배수의 차단효과가 있음을 뜻한다.

각 피험자의 자외선 차단지수(SPFi)

$$= \frac{\text{제품 도포부위의 최소홍반량(MEDp)}}{\text{제품 무도포부위의 최소홍반량(MEDu)}}$$

각 피험자의 자외선A 차단지수(PFAi)

$$= \frac{\text{제품 도포부위의 최소지속형즉시흑화량(MPPDp)}}{\text{제품 무도포부위의 최소지속형즉시흑화량(MPPDu)}}$$

표 7.4 자외선A 차단등급 분류표

자외선A 차단지수 (PFA)	자외선A 차단등급 (PA)	자외선A 차단효과
2 이상 4 미만	PA+	낮음
4 이상 8 미만	PA++	보통
8 이상 16 미만	PA+++	높음
16 이상	PA++++	매우 높음

그림 7.10 자외선 차단제

7.4 염색 소재

모발의 색상을 변화[탈염(脫染)·탈색(脫色)을 포함한다]시키는 데 도움을 주는 기능성화장품으로 각 조는 다음과 같다.

표 7.5 염모용 색소(전체 중 일부 발췌)

구분	성분명	사용할 때 농도 상한(%)
I	p-니트로-o-페닐렌디아민	1.5
	니트로-p-페닐렌디아민	3.0
	2-메틸-5-히드록시에틸아미노페놀	0.5
	2-아미노-4-니트로페놀	2.5
	2-아미노-5-니트로페놀	1.5
	2-아미노-3-히드록시피리딘	1.0
	5-아미노-o-크레솔	1.0
	m-아미노페놀	2.0
	o-아미노페놀	3.0
	p-아미노페놀	0.9
	염산 2,4-디아미노페녹시에탄올	0.5
	염산 톨루엔-2,5-디아민	3.2
	염산 m-페닐렌디아민	0.5
	염산 p-페닐렌디아민	3.3
	염산 히드록시프로필비스(N-히드록시에틸-p-페닐렌디아민)	0.4
	톨루엔-2,5-디아민	2.0
	m-페닐렌디아민	1.0
	p-페닐렌디아민	2.0
	N-페닐-p-페닐렌디아민	2.0
	피크라민산	0.6
	황산 p-니트로-o-페닐렌디아민	2.0
	황산 p-메틸아미노페놀	0.68
	황산 5-아미노-o-크레솔	4.5

(계속)

표 7.5 염모용 색소(전체 중 일부 발췌)

구분	성분명	사용할 때 농도 상한(%)
	황산 m-아미노페놀	2.0
	황산 o-아미노페놀	3.0
	황산 p-아미노페놀	1.3
	황산 톨루엔-2,5-디아민	3.6
	황산 m-페닐렌디아민	3.0
	황산 p-페닐렌디아민	3.8
	황산 N,N-비스(2-히드록시에틸)-p-페닐렌디아민	2.9
	2,6-디아미노피리딘	0.15
	염산 2,4-디아미노페놀	0.5
	1,5-디히드록시나프탈렌	0.5
	피크라민산 나트륨	0.6
	황산 2-아미노-5-니트로페놀	1.5
I	황산 o-클로로-p-페닐렌디아민	1.5
	황산 1-히드록시에틸-4,5-디아미노피라졸	3.0
	히드록시벤조모르포린	1.0
	6-히드록시인돌	0.5

7.5 체모제거 소재와 여드름성 피부 완화 소재

식품의약품안전처의 공인 체모제거 소개는 치오글리콜산(thioglycolic acid) 80%

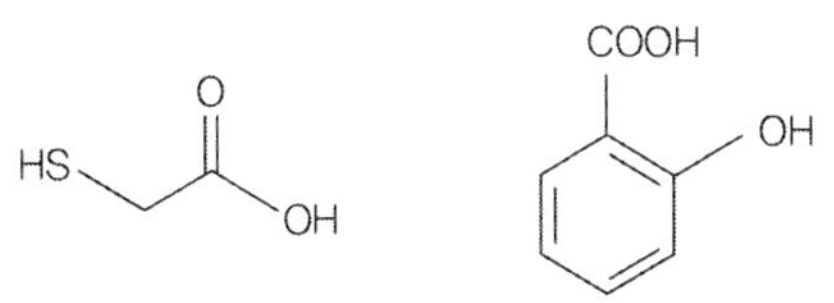

치오글리콜산 살리실산

그림 7.11 치오글리콜산과 살리실산의 화학구조

가 있으며 여드름성 피부 완화 소재로는 살리실릭 애시드(salicylic acid) 0.5%가 있다(그림 7.11).

7.6 항염증 소재

염증(炎症, inflammation)은 유해한 자극에 대한 생체반응 중 하나로서 면역세포, 혈관, 염증 매개체들이 관여하는 매우 복잡한 인체의 보호반응이다. 염증의 목적은 세포의 손상을 초기 단계에서 억제하고, 상처 부분의 파괴된 조직 및 괴사된 세포를 제거하며, 동시에 조직을 재생하는 것이다. 염증 반응을 일으키는 물질로는 병원체, 손상된 세포, 자극물질, 위험신호 등이 있으며, 염증 자체는 질병이 아니며, 오히려 생명체에 필요한 방어 체계에 해당한다. 염증은 선천 면역에 의해 매개되는 비특이적 반응으로, 병원체에 의해 일어나는 경우 병원체의 종류나 이전 감염 여부에 관계없이 일어난다.

염증은 크게 급성(acute)과 만성(chronic) 염증으로 나눌 수 있다. 급성염증은 반응이 즉시 나타나며, 원인 물질은 미생물이나 손상된 조직이고, 관련된 세포는 호중구(neutrophil), 호염구(basophil), 호산구(eosinophil) 등이다. 급성염증의 결과 증상이 완화되거나 농양이 형성되며, 염증이 완전히 처리되지 못하면 만성염증이 발생한다. 만성염증은 제거되지 않은 미생물, 바이러스 또는 자기면역반응에 의하며 단핵구(monocyte), 대식세포(macrophage), 림프구(lymphocyte) 등의 세포가 관여한다고 알려져 있다. 만성염증의 결과 조직손상, 섬유화, 괴사가 나타나며 아토피 피부염(atopic dermatitis)이 대표적인 만성염증 질환 중 하나이다.

항염증성(anti-inflammation) 소재는 과도한 염증 반응의 결과 발생하는 피부 질환을 억제하려는 목적으로 사용되며, 기능성화장품의 범위가 확대됨에 따라 앞으로 화장품에 배합될 가능성이 높은 소재군들이라 할 수 있다. 대표적인 항염증 바이오마커(biomarker)로는 NO, iNOS, COX-2, IgE, IL-6, TNF-α 등이 있다. 천연 소재 중 항염증효과를 보이는 물질로는 생강, 양파, 강황, 버드나무껍질, 대마초 등이 알려져 있다. 한방목초액의 항염증효과에 대한 실험결과가 그림 7.12에 나타나 있다.

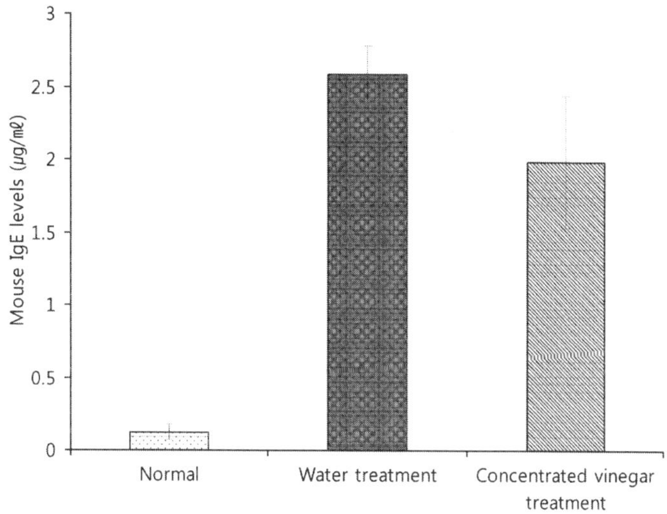

그림 7.12 한방목초액의 항염증효과(마우스의 IgE 농도측정)(김타곤 등, 2010)

7.7 기타 소재

우리나라에서 공식적으로 기능성화장품 소재로서 공인되지는 않았으나 세계적으로 널리 사용되는 몇 가지 기능을 가진 화장품 소재가 있다. 우선 슬리밍(slimming) 소재가 대표적인데, 로레알에서 슬리밍크림을 출시하여 큰 인기를 얻은 바 있다. 슬리밍 화장품은 피부에 존재하는 지방을 분해하여 몸매를 날씬하게 하는 목적으로 사용된다. 로레알 슬리밍크림의 주성분은 해조류의 뮤코다당류인 것으로 추측된다.

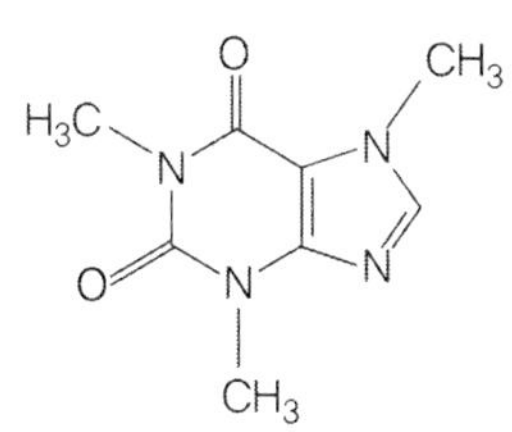

그림 7.13 카페인의 화학구조

일반적으로 슬리밍효과를 나타내는 물질의 대표성분으로는 커피의 주성분인 카페인(caffeine)이 있다(그림 7.13).

그리고 피부의 세포 활성에 영향을 미칠 수 있는 활성인자인 표피증식인자(epidermal growth factor)나 섬유모세포성장인자(fibroblast growth factor)가 배합된 고가의 화장품들이 시중에 판매되고 있다(그림 7.14). 일반적으로 단백질들은 안정성이 취약하다는 단점이 있는데, 이 화장품들은 앞서 언급한 물질들을 특수한 제형에 담아서 화장품화한 것들이다.

그림 7.14 표피증식인자(epidermal growth factor)의 구조

7.8 기준 및 시험방법

기능성화장품의 심사를 위하여 제출해야 하는 자료의 종류 중 기준 및 시험방법은 다음과 같다. 기타 자세한 사항은 식품의약품안전처 고시 기능성화장품 심사에 관한 규정을 참조하길 바란다.

표 7.6 기능성화장품의 기준 및 시험방법			
번호	기재 항목	원료	제제
1	명칭	○	×
2	구조식 또는 시성식	△	×
3	분자식 및 분자량	○	×
4	기원	△	△
5	함량기준	○	○
6	성상	○	○
7	확인시험	○	○
8	시성치	△	△
9	순도시험	○	△
10	건조감량, 강열감량 또는 수분	○	△
11	강열잔분, 회분 또는 산불용성회분	△	×
12	기능성시험	△	△
13	기타시험	△	△
14	정량법(제제는 함량시험)	○	○
15	표준품 및 시약·시액	△	△

※주: ○ 원칙적으로 기재, △ 필요에 따라 기재, × 원칙적으로는 기재할 필요 없음

화장품에 널리 사용되는 유성원료 중 하나인 카르나우바납과 수성원료인 세탄올에 대한 기준 및 시험방법의 예시는 다음과 같다.

카르나우바납

Carnauba Wax

Cera Carnauba

이것은 카르나우바야자나무 *Copernicia cerifera* Mart (야자과 Pa1mae)의 잎에서 얻은 납이다.

성　　상　이 약은 연한 노란색～연한 갈색의 단단하나 부서지기 쉬운 덩어리 또는 흰색～연한 노란색의 가루로 약간 특이한 냄새가 있고 맛은 거의 없다.

이 약은 물, 에탄올, 에테르 또는 자일렌에 거의 녹지 않는다.

비중 d_{20}^{20} : 0.990 ~ 1.002

융점 : 80 ~ 86℃

비누화가 78 ~ 95이 약 약 3 g을 정밀하게 달아 300 mL 플라스크에 넣고 자일렌 25 mL를 넣어 가온하여 녹이고 에탄올 50 mL 및 정확하게 0.5 mol/L 수산화칼륨 · 에탄올액 25 mL를 넣고 이하 비누화가시험을 한다. 다만 가열은 2시간으로 하고 또 적정은 더울 때 한다.

산 가 10.0 이하. 다만 용매로서 자일렌 · 에탄올혼합액(2:1)을 쓴다.

요오드가 5 ~ 14(검체는 마개가 달린 플라스크에 넣어 온탕에서 흔들어 섞어 녹인다)

순도시험 중금속 이 약 1.0 g을 달아 중금속시험법 제2법에 따라 조작하여 시험한다. 비교액에는 납표준액 2.0 mL를 넣는다(20 ppm 이하).

강열잔분 이 약 약 2 g을 정밀하게 달아 자기 또는 백금접시에 넣고 가열할 때 그 휘발물은 악취가 나지 않으며, 항량이 될 때까지 강열할 때 그 잔분은 5 mg 이하이다(0.25 % 이하).

세탄올

Cetanol

이것은 고형알코올의 혼합물로 주로 세탄올($C_{16}H_{34}O$: 242.44)로 되어 있다.

성 상 이 약은 흰색의 박편상, 입상 또는 덩어리 모양의 납과 같은 물질로 약간 특이한 냄새가 있고 맛은 없다.

이 약은 피리딘에 썩 잘 녹으며 에탄올, 무수에탄올 또는 에테르에 잘 녹고 아세트산탈수물에 매우 녹기 어려우며 물에는 거의 녹지 않는다.

융 점 47 ~ 53 ℃ 「스테아릴알코올」의 융점측정법에 따라 시험한다.

산 가 1.0 이하

수산기가 210 ~ 232

에스텔가 2.0 이하

요오드가 2.0 이하

순도시험 「스테아릴알코올」의 순도시험에 따라 시험한다.

강열잔분 0.05 % 이하(2 g).

연습문제

1 우리나라에서 공인된 미백 화장품 소재는 무엇이 있는가?

2 우리나라에서 공인된 주름개선 화장품 소재는 무엇이 있는가?

3 미백화장품 소재의 시험법은 무엇인가?

4 주름개선 화장품 소재의 시험법을 쓰시오.

5 자외선 차단제의 SPF와 PFA에 대해 설명하시오.

6 항염증소재란 무엇인가?

사례 노트

세계 최대 화장품 회사, 로레알

로레알은 현재 프랑스 파리에 본사를 둔 세계 최대의 화장품 기업이다. 1909년 독일계 프랑스 화학자 외젠 슈엘러(Eugène Paul Louis Schueller)는 머리 염색약을 개발하여 오레올(Oréale, 후광)이라는 이름으로 파리의 뷰티살롱에 판매하기 시작하였다. 1910년 로레알(L'Oréal)이라는 브랜드를 도입하였고 회사 이름도 로레알로 변경하였다. 로레알은 염모제의 성공을 바탕으로 스킨케어, 색조화장품, 향수 등 여러 화장품 분야로 신제품을 출시하기 시작하였다. 로레알은 2019년 기준 매출액 299억 유로(한화 약 40조 원), 종업원 수 86,000명을 자랑하는 세계 최대 화장품 기업으로 성장하였다. 로레알의 상속녀인 Françoise Bettencourt Meyers는 2019년 593억 달러(한화 약 74조 원)의 재산을 보유하여 전 세계에서 가장 부유한 여성으로 알려져 있다.

로레알의 화장품 판매 전략의 중요한 특징은 수많은 브랜드를 보유하고 있다는 점이다. 백화점 1층에서 주로 보는 브랜드 중 상당수가 로레알이 보유하는 제품군에 포함되어 있다. L'Oréal, Lancôme, Yves Saint Laurent SAS, Biotherm, Giorgio Armani Beauty, Helena Rubinstein, Kiehl's, Ralph Lauren 등 화장품 회사들이 다양한 브랜드를 보유하고 각 브랜드별 차별화 전략을 활용하여 매출을 늘리는 방식은 현재 전 세계 화장품 회사들이 공통으로 사용하는 대표적 판매 전략 중 하나이다.

8장

화장품의 안전성, 안정성시험

8.1 안전성시험(독성시험법)

기능성화장품 심사에 관한 규정 별표 1은 다음의 독성시험법을 포함한다. 이는 의약품에서의 독성시험법과 유사하다.

1. 단회투여독성시험

가. 실험 동물: 랫드 또는 마우스

나. 동물 수: 1군당 5마리 이상

다. 투여경로: 경구 또는 비경구 투여

라. 용량 단계: 독성을 파악하기에 적절한 용량단계를 설정한다. 만약 2,000 mg/kg 이상의 용량에서 시험물질과 관련된 사망이 나타나지 않는다면 용량단계를 설정할 필요는 없다.

마. 투여 횟수: 1회

바. 관찰:

* 독성증상의 종류, 정도, 발현, 추이 및 가역성을 관찰하고 기록한다.
* 관찰기간은 일반적으로 14일로 한다.
* 관찰기간 중 사망례 및 관찰기간 종료 시 생존례는 전부 부검하고, 기관과 조직에 대하여도 필요에 따라 병리조직학적 검사를 행한다.

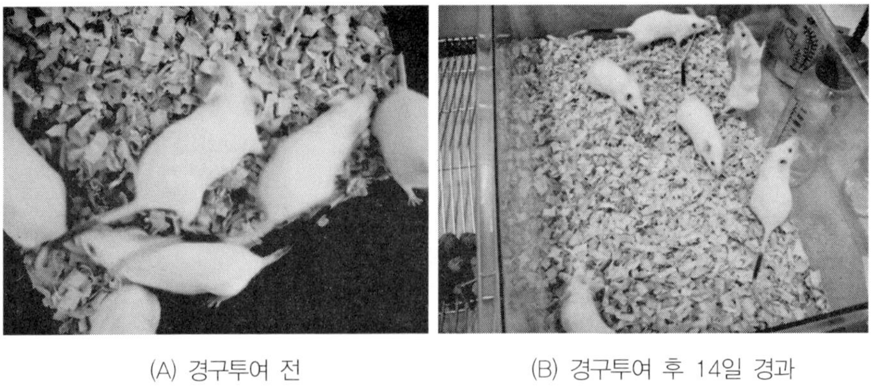

(A) 경구투여 전 (B) 경구투여 후 14일 경과

그림 8.1 단회투여독성시험 예시

2. 1차 피부자극시험

가. Draize 방법을 원칙으로 한다.

나. 시험 동물: 백색 토끼 또는 기니피그

다. 동물 수: 3마리 이상

라. 피부: 털을 제거한 건강한 피부

마. 투여면적 및 용량: 피부 1차 자극성을 적절하게 평가 시 얻어질 수 있는 면적 및 용량

바. 투여농도 및 용량: 피부 1차 자극성을 평가하기에 적정한 농도와 용량을 설정한다. 단일농도 투여 시에는 0.5 ml(액체) 또는 0.5 g(고체)을 투여량으로 한다.

사. 투여 방법: 24시간 개방 또는 폐쇄첩포

아. 투여 후 처치: 무처치하지만 필요에 따라서 세정 등의 조작을 행해도 좋다.

자. 관찰: 투여 후 24, 48, 72시간의 투여부위의 육안관찰을 행한다.

차. 시험결과의 평가: 피부 1차 자극성을 적절하게 평가 시 얻어지는 채점법으로 결정한다.

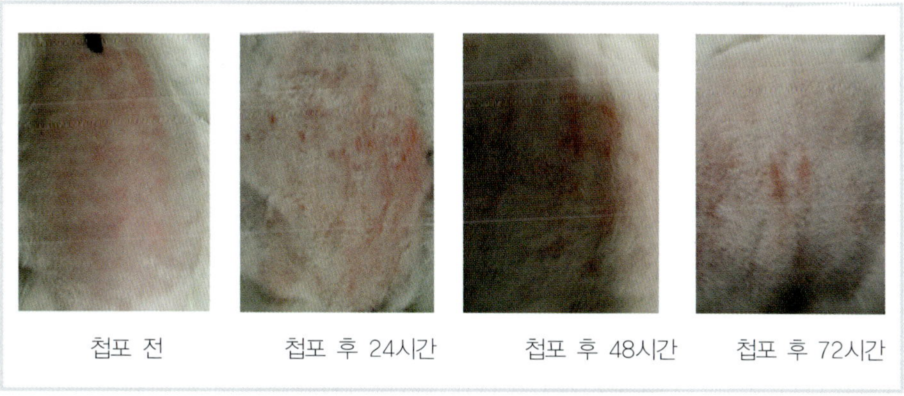

그림 8.2 1차 피부자극시험 예시

3. 안점막자극 또는 기타점막자극시험

가. Draize 방법을 원칙으로 한다.

나. 시험동물: 백색 토끼

다. 동물 수: 세척군 및 비세척군당 3마리 이상

라. 투여 농도 및 용량: 안점막자극성을 평가하기에 적정한 농도를 설정하며, 투여 용량은 0.1 ml(액체) 또는 0.1 g(고체)으로 한다.

마. 투여 방법: 한쪽 눈의 하안검을 안구로부터 당겨서 결막낭 내에 투여하고 상하안검을 약 1초간 서로 맞춘다. 다른 쪽 눈을 미처치 후 그대로 두어 무처치 대조안으로 한다.

바. 관찰: 약물 투여 후 1, 24, 48, 72시간 후에 눈을 관찰

경과 시간	식염수	태반 추출물	양수
처치 전	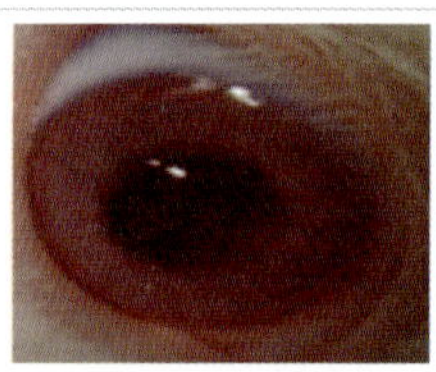	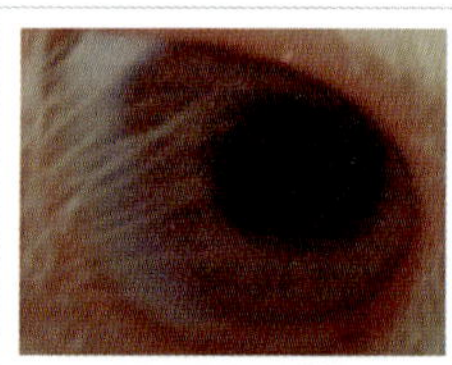	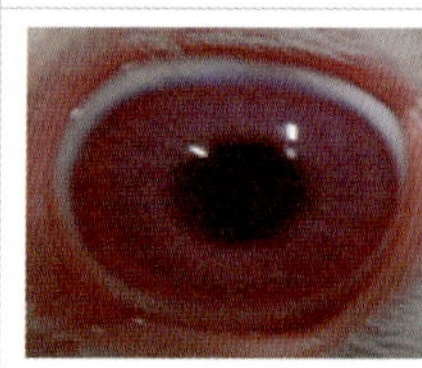
처치 후 1시간	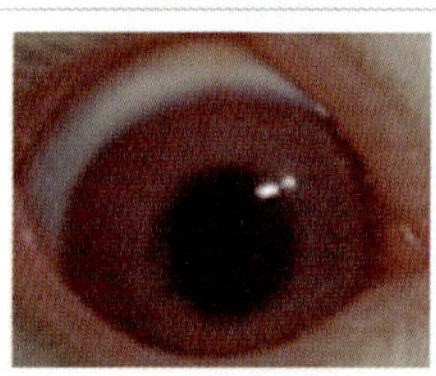	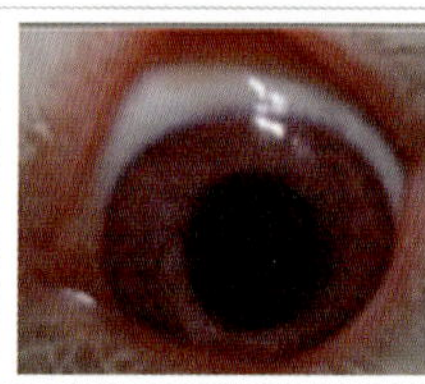	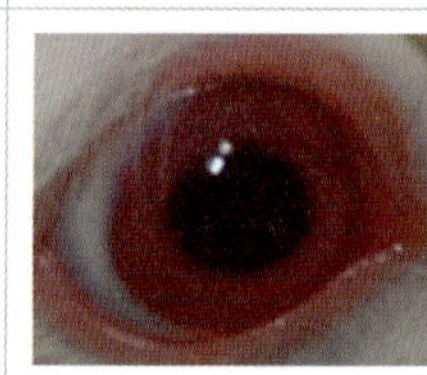
처치 후 24시간	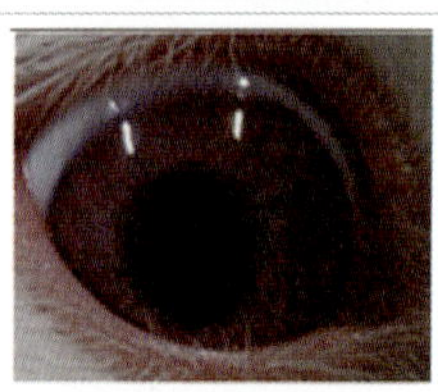	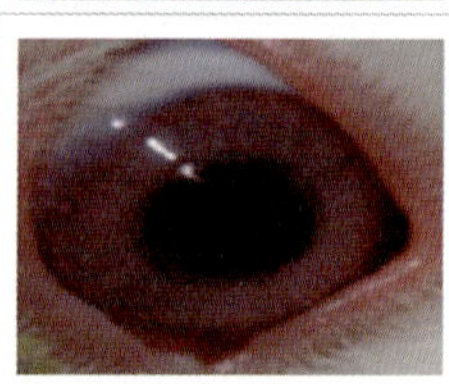	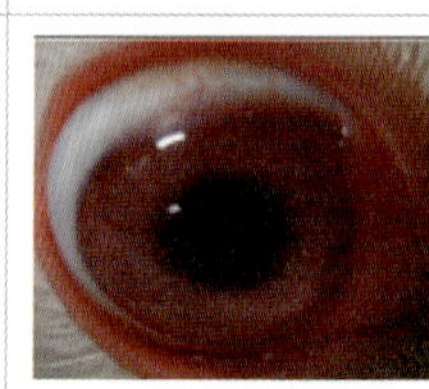
처치 후 72시간	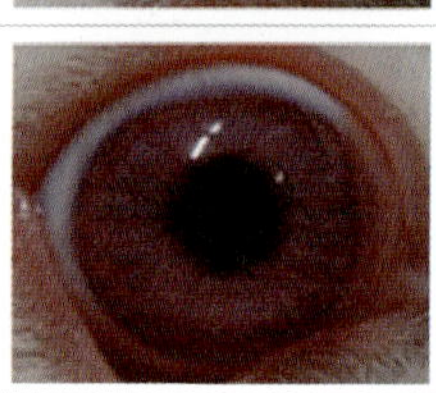	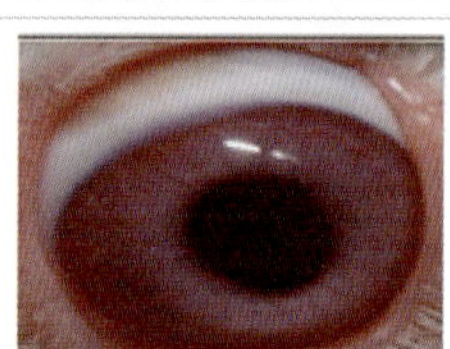	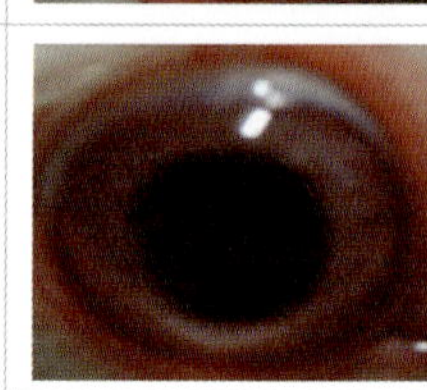

그림 8.3 안점막자극시험 예시

4. 피부감작성시험

가. 일반적으로 Maximization Test을 사용하지만 적절하다고 판단되는 다른 시험법을 사용할 수 있다.

나. 시험동물: 기니피그

다. 동물 수: 원칙적으로 1군당 5마리 이상

라. 시험군: 시험물질감작군, 양성대조감작군, 대조군을 둔다.

마. 시험실시요령: Adjuvant는 사용하는 시험법 및 Adjuvant 사용하지 않는 시험법이 있으나 제1단계로서 Adjuvant를 사용하는 사용법 가운데 1가지를 선택해서 행하고, 만약 양성소견이 얻어진 경우에는 제2단계로서 Adjuvant를 사용하지 않는 시험방법을 추가하여 실시하는 것이 바람직하다.

바. 시험결과의 평가: 동물의 피부반응을 시험법에 의거한 판정기준에 따라 평가한다.

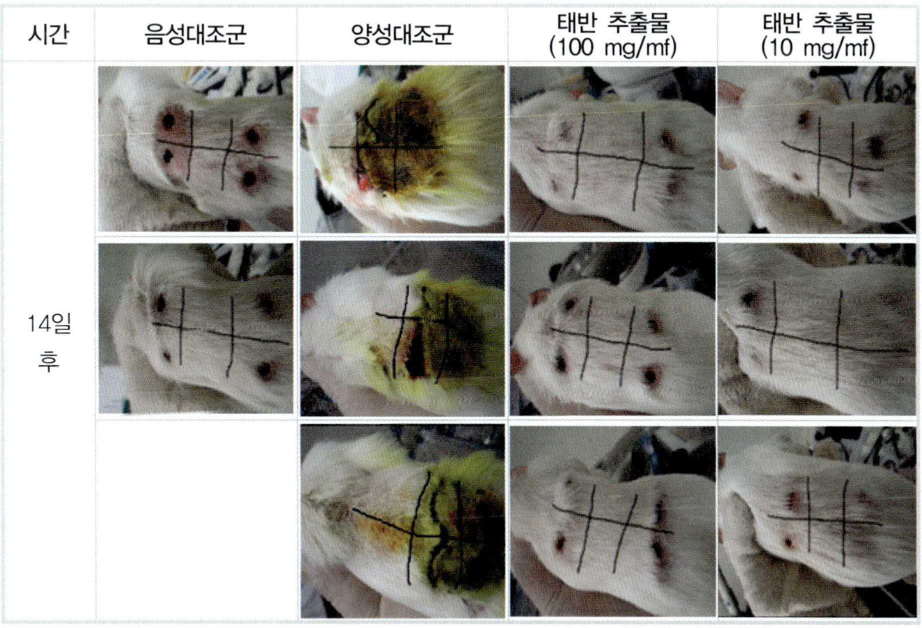

그림 8.4 피부감작성시험 예시

5. 광독성시험

가. 일반적으로 기니피그를 사용하는 시험법을 사용한다.

다. 시험동물: 각 시험법에 정한 바에 따른다.

라. 동물 수: 원칙적으로 1군당 5마리 이상

마. 시험군: 원칙적으로 시험물질투여군 및 적절한 대조군을 둔다.

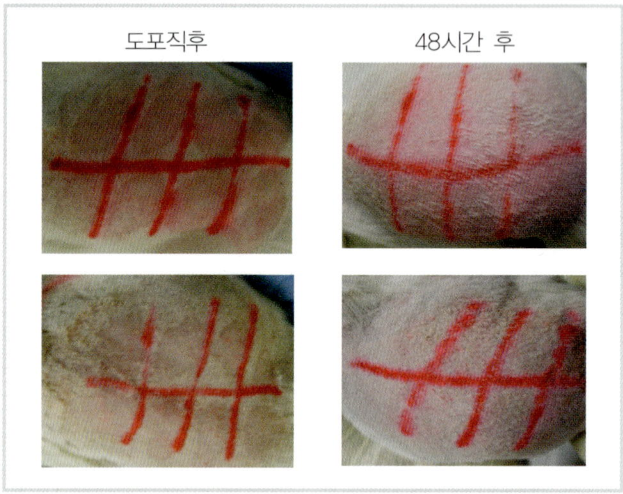

그림 8.5 광독성시험 예시

바. 광원: UV-A 영역의 램프 단독, 혹은 UV-A와 UV-B 영역의 각 램프를 겸용해서 사용한다.

사. 시험실시요령: 자항의 시험방법 중에서 적절하다고 판단되는 방법을 사용한다.

아. 시험결과의 평가: 동물의 피부반응을 각각의 시험법에 의거한 판정기준에 따라 평가한다.

6. 광감작성시험

가. 일반적으로 기니피그를 사용하는 시험법을 사용한다.

다. 시험동물: 각 시험법에 정한 바에 따른다.

라. 동물 수: 원칙적으로 1군당 5마리 이상

마. 시험군: 원칙적으로 시험물질투여군 및 적절한 대조군을 둔다.

바. 광원: UV-A 영역의 램프 단독, 혹은 UV-A와 UV-B 영역의 각 램프를 겸용해서 사용한다.

사. 시험실시요령: 자항의 시험방법 중에서 적절하다고 판단되는 방법을 사용한다. 시험물질의 감작유도를 증가시키기 위해 Adjuvant를 사용할 수 있다.

아. 시험결과의 평가: 동물의 피부반응을 각각의 시험법에 의거한 판정기준에 따라 평가한다.

7. 인체사용시험

인체 첩포시험: 피부과 전문의 또는 연구소 및 병원, 기타 관련기관에서 5년 이상 해당시험 경력을 가진 자의 지도하에 수행되어야 한다.

가. 대상: 30명 이상

나. 투여 농도 및 용량: 원료에 따라서 사용시 농도를 고려해서 여러 단계의 농도와 용량을 설정하여 실시하는데, 완제품의 경우는 제품자체를 사용하여도 된다.

다. 첩부 부위: 사람의 상등부(정중선의 부분은 제외) 또는 전완부 등 인체사용시험을 평가하기에 적정한 부위를 폐쇄첩포한다.

라. 관찰: 원칙적으로 첩포 24시간 후에 patch를 제거하고 제거에 의한 일과성의 홍반의 소실을 기다려 관찰 및 판정한다.

마. 시험결과 및 평가: 홍반, 부종 등의 정도를 피부과 전문의 또는 이와 동등한 자가 판정하고 평가한다.

8. 인체 누적첩포시험

대표적으로 다음과 같은 방법이 있다.

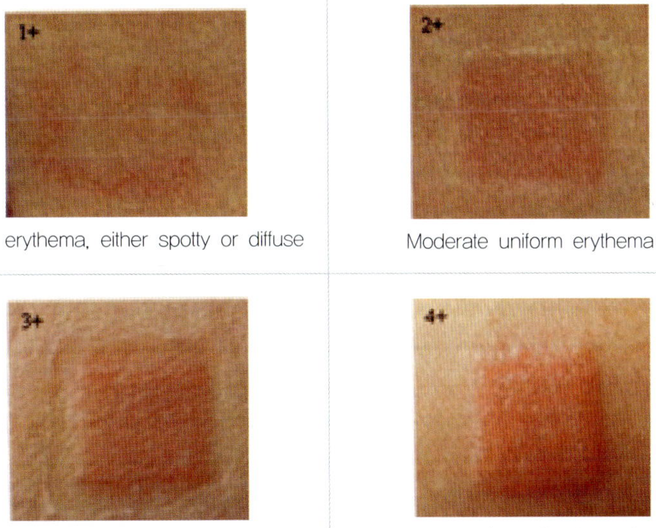

Slight erythema, either spotty or diffuse

Moderate uniform erythema

Intense erthema with edema

Intence erytherma withedema & vesicle

그림 8.6 인체사용시험 예시

가. Shelanski and Shelanski 법

나. Draize 법(Jordan modification)

다. Kilgman의 Maximization 법

8.2 동물시험 대체법

우리나라에서는 화장품시험을 위해 동물을 사용하는 것을 몇 가지 예외규정을 제외하고 원칙적으로 금하고 있다. 화장품법 제15조의2항은 다음과 같다.

제15조의2(동물실험을 실시한 화장품 등의 유통판매 금지) ① 화장품책임판매업자는 「실험동물에 관한 법률」 제2조제1호에 따른 동물실험(이하 이 조에서 "동물실험"이라 한다)을 실시한 화장품 또는 동물실험을 실시한 화장품 원료를 사용하여 제조(위탁제조를 포함한다) 또는 수입한 화장품을 유통 · 판매하여서는 아니 된다. 다만, 다음 각 호의 어느 하나에 해당하는 경우는 그러하지 아니하다.

1. 제8조제2항의 보존제, 색소, 자외선차단제 등 특별히 사용상의 제한이 필요한 원료에 대하여 그 사용기준을 지정하거나 같은 조 제3항에 따라 국민보건상 위해 우려가 제기되는 화장품 원료 등에 대한 위해평가를 하기 위하여 필요한 경우
2. 동물대체시험법(동물을 사용하지 아니하는 실험방법 및 부득이하게 동물을 사용하더라도 그 사용되는 동물의 개체 수를 감소하거나 고통을 경감시킬 수 있는 실험방법으로서 식품의약품안전처장이 인정하는 것을 말한다. 이하 이 조에서 같다)이 존재하지 아니하여 동물실험이 필요한 경우
3. 화장품 수출을 위하여 수출 상대국의 법령에 따라 동물실험이 필요한 경우
4. 수입하려는 상대국의 법령에 따라 제품 개발에 동물실험이 필요한 경우
5. 다른 법령에 따라 동물실험을 실시하여 개발된 원료를 화장품의 제조 등에 사용하는 경우
6. 그 밖에 동물실험을 대체할 수 있는 실험을 실시하기 곤란한 경우로서 식품의약품안전처장이 정하는 경우

② 식품의약품안전처장은 동물대체시험법을 개발하기 위하여 노력하여야 하며, 화장품책임판매업자 등이 동물대체시험법을 활용할 수 있도록 필요한 조치를 하여야 한다.

우리나라 식품의약품안전처에서 제시하는 동물시험 대체법은 다음과 같다. 다만 모든 실험에 대해 동물시험 대체법이 존재하는 것은 아니며 동물시험 대체법이 존재하더라도 이것이 완벽히 기존의 동물시험법을 대체하는 것은 아니다.

표 8.1 화장품 소재의 동물시험 대체법

실험명	실험목적	비고
In vitro 3T3 NRU 광독성시험법	광독성	Balb/c 3T3 clone 31 세포 사용
소각막을 이용한 안점막자극시험법(BCOP 시험법)	안섬막자극시험	갓 도축된 소에서 분리된 눈의 각막 사용
DA법을 이용한 국소림프절시험	피부감작성시험	마우스를 이용하는 시험이나 기존 시험법에 비해 사용동물 수가 적고, 동물에 가해지는 고통을 경감시킨 시험법
인체피부모델을 이용한 피부자극시험법	피부자극시험	비형질전환 인체유래 표피 각질세포로 구성된 3차원(three-dimensional) 인체피부모델 이용
닭의 안구를 이용한 안점막자극시험법(ICE 시험법)	안점막자극시험	닭의 눈 사용
용량고저법	단회투여독성시험법	랫드의 사용을 최소화함
In Chemico 펩타이드 반응을 이용한 피부감작성시험법	피부감작성시험	DPRA는 피부감작 독성발현경로에서 분자적 초기현상, 즉 단백질의 반응성을 평가하는 것으로, 이는 시스테인 또는 리신을 함유한 합성 펩타이드 모델에 대한 시험물질의 반응성을 정량화
인체각막유사 상피모델을 이용한 안자극시험법	안자극시험	최소 두 개의 3차원 RhCE 조직 모델 사용

8.3 화장품의 안정성시험

모든 화장품에는 저장방법 및 사용기한이 표시되어야 하며, 이를 위해 화장품의 안정성시험이 실시되어야 한다. 화장품의 안정성시험(Stability test)은 식품의약품안전처에서 제시한 가이드라인에 따른다.

I. 시험의 목적

화장품 안정성시험은 화장품의 저장 방법 및 사용기한을 설정하기 위하여 경시변화에 따른 품질의 안정성을 평가하는 시험이다. 이 가이드라인의 목적은 화장품을 제조된 날부터 적절한 보관조건에서 성상 · 품질의 변화 없이 최적의 품질로 이를 사용할 수 있는 최소한의 기한과 저장방법을 설정하기 위한 기준을 정하는데 있으며, 나아가 이를 통하여 시중 유통 중에 있는 화장품의 안정성을 확보하여 안전하고 우수한 제품을 공급하는 데 도움을 주고자 하는 데 있다.

II. 안정성시험의 종류

1. 장기보존시험

화장품의 저장조건에서 사용기한을 설정하기 위하여 장기간에 걸쳐 물리 · 화학적, 미생물학적 안정성 및 용기 적합성을 확인하는 시험을 말한다.

2. 가속시험

장기보존시험의 저장조건을 벗어난 단기간의 가속조건이 물리 · 화학적, 미생물학적 안정성 및 용기 적합성에 미치는 영향을 평가하기 위한 시험을 말한다.

3. 가혹시험

가혹조건에서 화장품의 분해과정 및 분해산물 등을 확인하기 위한 시험을 말한다. 일반적으로 개별 화장품의 취약성, 예상되는 운반, 보관, 진열 및 사용 과정에서 뜻하지 않게 일어나는 가능성 있는 가혹한 조건에서 품질변화를 검토하기 위해 이와 같은 시험을 수행한다.

4. 개봉 후 안정성시험

화장품 사용 시에 일어날 수 있는 오염 등을 고려한 사용기한을 설정하기 위하여 장기간에 걸쳐 물리 · 화학적, 미생물학적 안정성 및 용기 적합성을 확인하는 시험을 말한다.

III. 안정성시험의 시험조건

화장품의 안정성은 화장품 제형(액, 로션, 크림, 립스틱, 파우더 등)의 특성, 성분의 특성(경시변화가 쉬운 성분의 함유 여부 등), 보관용기 및 보관조건 등 다양한 변수에 대한 예측과, 이미 평가된 자료 및 경험을 바탕으로 하여 과학적이고 합리적인 시험조건에서 평가되어야 한다. 일반적으로 사용되는 안정성시험조건은 아래와 같다.

1. 장기보존시험 조건

가. 로트의 선정

시중에 유통할 제품과 동일한 처방, 제형 및 포장용기를 사용한다. 3로트 이상에 대하여 시험하는 것을 원칙으로 한다. 다만, 안정성에 영향을 미치지 않는 것으로 판단되는 경우에는 예외로 할 수 있다.

나. 보존조건

제품의 유통조건을 고려하여 적절한 온도, 습도, 시험기간 및 측정시기를 설정하여 시험한다. 예를 들어 실온보관 화장품의 경우 온도 25±2℃/상대습도 60±5% 또는 30±2℃/상대습도 66±5%로, 냉장보관 화장품의 경우 5±3℃로 실험할 수 있다.

다. 시험기간

6개월 이상 시험하는 것을 원칙으로 하나, 화장품 특성에 따라 따로 정할 수 있다.

라. 측정시기

시험개시 때와 첫 1년간은 3개월 마다, 그 후 2년까지는 6개월 마다, 2년 이후부터 1년에 1회 시험한다.

마. 시험항목

1) 일반화장품: 화장품 종류 및 구성성분이 매우 다양하므로 제품유형 및 제형에 따라 적질한 안성성시험항목을 설정한다. 시험항목 및 기준은 과학적 근거 및 경험 등을 바탕으로 선정한다.

2) 기능성화장품: 기준 및 시험방법에 설정한 전 항목을 원칙으로 하며, 전 항목을 실시하지 않을 경우에는 이에 대한 과학적 근거를 제시하여야 한다.

2. 가속시험 조건

가. 로트의 선정

장기보존시험 기준에 따른다.

나. 보존조건

유통경로나 제형특성에 따라 적절한 시험조건을 설정하여야 하며, 일반적으로 장기보존시험의 지정저장온도보다 15℃ 이상 높은 온도에서 시험한다. 예를 들어 실온보관 화장품의 경우에는 온도 40±2℃/상대습도 75±5%로, 냉장보관 화장품의 경우에는 25±2℃/상대습도 60±5%로 한다.

다. 시험기간

6개월 이상 시험하는 것을 원칙으로 하나 필요 시 조정할 수 있다.

라. 측정시기

시험개시 때를 포함하여 최소 3번을 측정한다.

마. 시험항목

장기보존시험조건에 따른다.

3. 가혹시험 조건

가. 로트의 선정 및 시험기간 등은 검체의 특성 및 시험조건에 따라 적절히 정한다.

나. 시험조건

광선, 온도, 습도 3가지 조건을 검체의 특성을 고려하여 결정한다. 예를 들어 온도순환(-15 ~ 45℃), 냉동-해동 또는 저온-고온의 가혹 조건을 고려하여 결정한다.

다. 시험항목

장기보존시험조건에 따르며, 품질관리상 중요한 항목 및 분해산물의 생성유무를 확인한다.

4. 개봉 후 안정성시험

가. 로트의 선정

장기보존시험조건에 따른다.

나. 보존조건

제품의 사용 조건을 고려하여, 적절한 온도, 시험기간 및 측정시기를 설정하여 시험한다. 예를 들어 계절별로 각각의 연평균 온도, 습도 등의 조건을 설정할 수 있다.

다. 시험기간

6개월 이상 시험하는 것을 원칙으로 하나, 특성에 따라 조정할 수 있다.

라. 측정시기

시험개시 때와 첫 1년간은 3개월 마다, 그 후 2년까지는 6개월 마다, 2년 이후부터 1년에 1회 시험한다.

마. 시험항목

1) 일반화장품: 화장품 종류 및 구성성분이 매우 다양하므로 제품유형 및 제형에 따라 적절한 안정성시험항목을 설정한다. 시험항목 및 기준은 과학적 근거 및 경험 등을 바탕으로 선정한다.

2) 기능성화장품: 기준 및 시험방법에 설정한 전 항목을 원칙으로 하며, 전 항목을 실시하지 않을 경우에는 이에 대한 과학적 근거를 제시하여야 한다.

화장품은 수성 성분과 유성 성분들이 다량 혼합되어 있으므로 장기보관 시 상분리가 나타날 수 있다. 특히 다량의 계면활성제나 왁스류를 사용한 경우 이런 상분리가 나타날 수 있기에 화장품 제조 시에 제형이 우수하다고 해서 바로 최종 처방전을 작성하기보다는 약 1주에서 1달 정도 상온에서 보관하여 제형의 변화 등을 주의 깊게 관찰하여야 한다(그림 8.7, 8.8 참조).

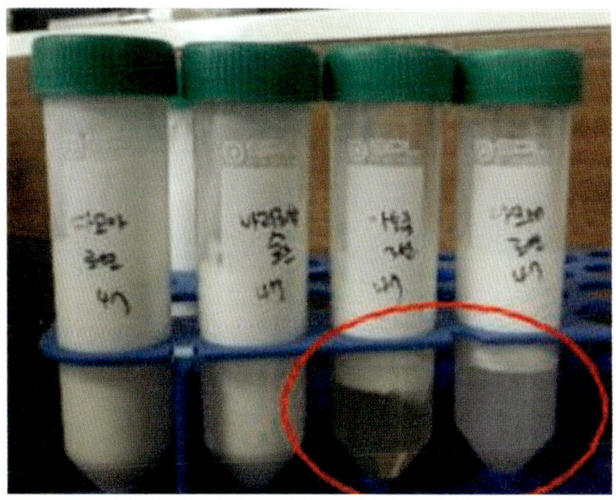

그림 8.7 로션제형의 상분리 현상(황단비 등, 2012)

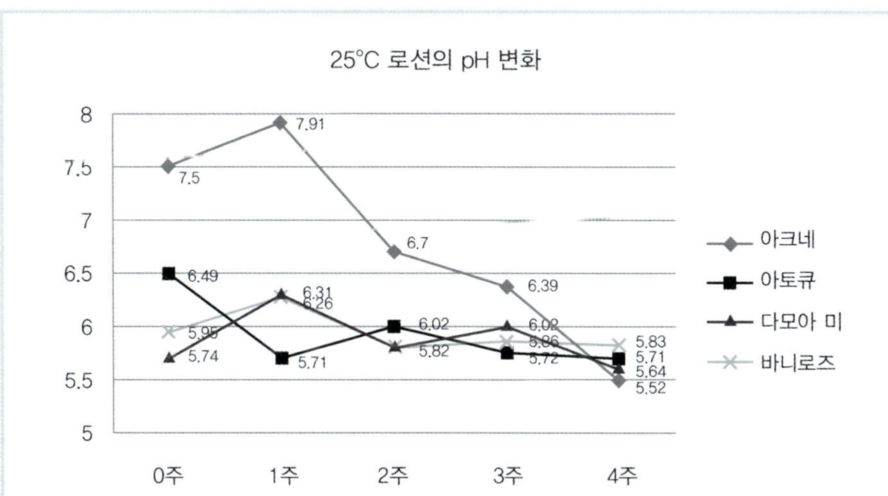

그림 8.8 로션제형의 pH 변화(황단비 등, 2012)

연습문제

1 화장품의 독성시험법을 쓰시오.

2 화장품의 동물시험 대체법에는 어떤 종류가 있는가?

3 화장품의 안정성시험 종류를 쓰시오.

사례 노트

뉴욕의 여왕, 에스테 로더

뉴욕시에서 태어난 에스테 로더(Estée Lauder, 1906~2004)는 어린 시절에는 가족이 경영하는 철물점에서 일하였으며, 이 기간 동안 사업과 판매에 대한 감각을 익혔다. 로더는 삼촌이 개발한 수제 크림을 주위 친구들에게 팔기 시작하였으며 곧 커다란 인기를 얻었다. 1947년 로더는 남편 조셉 로더와 함께 화장품회사 에스테 로더(Estée Lauder)를 설립하였다. 1953년 로더는 젊음의 이슬(Youth-Dew)이라는 브랜드의 향수를 처음 팔기 시작하여 엄청난 인기를 끌게 되었다.

천부적인 판매능력을 보유하였던 그녀는 한 TV 시리즈에서 "나는 하루도 물건을 팔지 않은 적이 없었다. 나는 믿음이 가면 팔았고 아주 열심히 팔았다."라고 언급하였다. 로더는 화장품 업계의 1세대 창업자로서 화장품과 관련된 많은 명언을 남겼으며, 로더는 타임지가 선정한 20세기의 가장 영향력 있는 사업가 중 유일하게 여성으로서 선정되었다.

> "결혼식에 왜 여성들이 아름다운지 아세요?
> 그날 여자는 아름답게 보이려고 화장을 매우 열심히 하기 때문이에요."

9장

새로운 화장품 소재 개발

현재 화장품에 사용되는 대부분 천연성분은 식물유래 소재들이다. 식물유래 성분은 몇 가지 큰 장점이 있는데, 첫 번째로 매우 다양한 물질들이 식물 내에 합성되어 존재한다는 점이다. 식물은 동물이나 곤충과는 달리 그 개체 전체가 움직일 수 없으므로 많은 화학물질을 생산하여 주위 환경에 적응해야 된다. 예를 들면 곤충이나 초식동물들로부터 식물체를 보호하는 역할 등이 중요하다. 두 번째로는 화장품에 사용되기 위해서는 다량의 물질들이 값싸게 얻어져야 하는데 이 조건은 미생물 원료에 비해 매우 중요한 강점이다. 따라서 천연화장품 · 유기농화장품 소재의 대부분은 식물유래 성분들이다. 이 장에서는 식물의 작동원리를 공부하고 그 분류를 익히며, 식물의 1차 · 2차 대사산물을 학습한 후 그 응용으로서 식품 소재와 한방 소재를 공부하고자 한다.

9.1 식물

식물은 크게 그 구조로서 뿌리, 줄기, 잎, 꽃, 열매로 구분할 수 있다(그림 9.1). 뿌리의 역할은 물과 무기물을 흡수하며, 물관을 통하여 줄기를 거쳐 잎으로 물과 무기물을 전달한다. 잎은 식물생명체의 중심활동이라 할 수 있는 광합성이 이루어지는 장소이다. 광합성은 식물 내 엽록체라는 단위기관에서 이루어지며 다음의 화학반응으로 요약될 수 있다(식 9.1).

$$6CO_2 + 12H_2O \rightarrow C_6H_{12}O_6 + 6O_2 + 6H_2O \qquad (9.1)$$

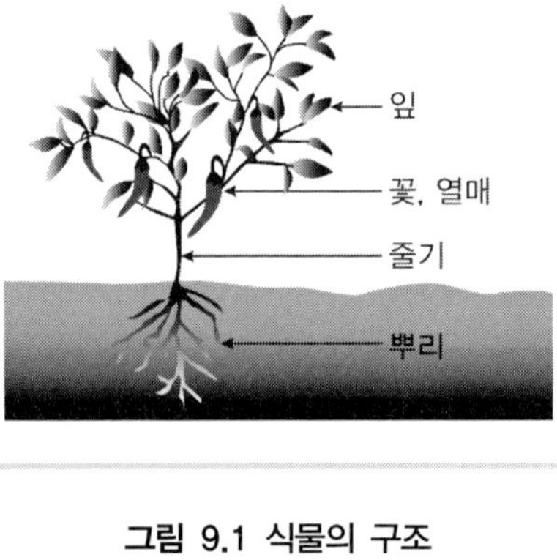

그림 9.1 식물의 구조

위 반응에서 $12H_2O$는 뿌리에서 흡수한 물로부터 공급된다. 그리고 $6CO_2$는 잎의 기공을 열어서 공기 중의 이산화탄소를 흡입하여 제공된다. 그러나 이것만으로는 광합성 반응이 수행되지 않는다. 광합성 반응은 매우 큰 에너지를 요구하므로 외부에서 에너지가 공급되지 않으면 절대로 이 반응은 수행될 수 없다. 광합성에 필요한 에너지는 태양광선으로부터 흡수되는데 400 nm ~ 500 nm 파장의 청색 빛과 640 nm ~ 700 nm 파장의 적색 빛이 주로 사용된다. 식물의 잎들이 녹색으로 보이는 이유는 녹색 파장인 500 nm ~ 600 nm의 파장은 식물들이 흡수할 수 없고 대부분 반사되기 때문이다. 광합성의 결과 포도당($C_6H_{12}O_6$)이 생성되며 이들은 설탕, 녹말, 디딩류 또는 트리글리세리드와 같은 오일의 형태로 저장된다. 당연하게 광합성은 태양광이 있는 낮에만 가능하며 밤에는 생산된 포도당부산물을 이용하여 식물이 성장하게 된다. 광합성의 결과 생성되는 중요한 부산물이 산소(O_2)이며 이것은 잎의 기공이 열릴 때 식물 내부에서 외부로 방출되고, 이것이 지구의 대기 환경을 산소로 가득하게 만들었다. 따라서 식물생장의 중요한 3요소는 이산화탄소, 물, 태양광이다.

분류학적으로 식물은 크게 4종류로 나눌 수 있다(그림 9.2). 가장 크게는 수분과

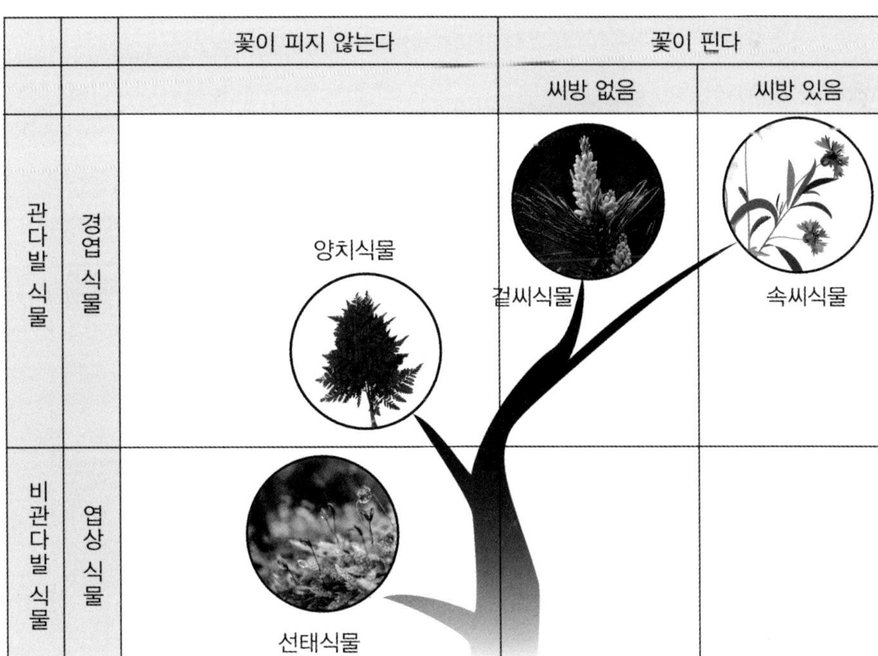

그림 9.2 식물의 분류

영양분의 수송 통로인 관다발의 존재 여부에 따라 비관다발 식물과 관다발 식물로 구분한다. 비관다발 식물에는 선태식물(이끼류)이 있으며 이들은 크기는 1 ~ 10 cm 정도이고, 보통 축축하고 그늘진 곳에서 집단을 이루며 자란다. 이들은 꽃이나 씨앗을 가지지 않으며, 단순한 잎이 가는 줄기를 덮는다. 지구상에는 약 12,000종의 이끼류들이 있으며, 이들은 다시 우산이끼문, 각태식물문, 선태식물문으로 더 세분화할 수 있다.

관다발 식물은 또다시 양치식물과 종자식물로 구분할 수 있다. 양치식물은 관다발은 가지고 있으나 꽃과 씨앗을 생성하지 못하며, 대신 포자를 형성하여 생장한다. 양치식물은 고사리 등이 대표적이며 약 12,000종이 지구상에 분포하며 석송문과 양치식물문으로 더 세분화할 수 있다.

종자식물은 씨를 생성하여 번식하는 식물들을 말하며 이들은 다시 씨가 겉으로 드러나는 겉씨식물(나자식물)과 씨가 씨방 속에 들어있는 속씨식물(피자식물)로 더 세분화할 수 있다. 겉씨식물은 약 1,000종이 존재하고 지구의 거대한 숲을 이루고 있다. 겉씨식물은 다시 소철문, 은행나무문, 구과식물문, 마황문으로 나눌 수 있다. 속씨식물은 우리가 주위에서 흔히 보는 꽃을 생성하는 식물로서 다시 쌍떡잎식물과 외떡잎식물로 구분된다. 쌍떡잎식물은 식물이 발아될 때 떡잎이 두 장 나는 식물을 말하며, 지구상에는 약 200,000종의 매우 방대한 식물군을 형성하며 목련, 밤, 장미, 콩, 국화, 수련, 미나리 등 대부분의 꽃과 식물이 여기에 포함된다. 외떡잎식물

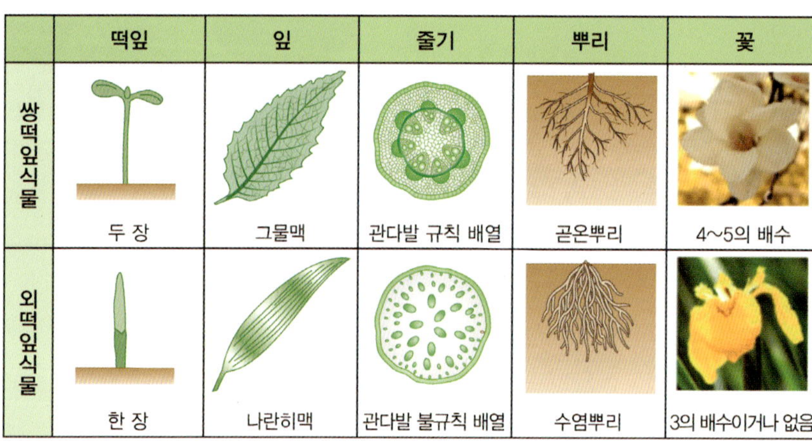

그림 9.3 외떡잎 식물과 쌍떡잎 식물의 차이

은 떡잎이 한 장나는 속씨식물로서 약 60,000종이 존재하며 벼, 밀, 옥수수, 난초, 백합, 생강, 마 등 농업에서 생산되는 대부분의 식물을 포함한다(그림 9.3).

9.2 식물의 대사산물

식물의 대사산물은 크게 1차 대사산물과 2차 대사산물로 나눌 수 있다. 1차 대사산물은 식물의 활동에 필수적인 요소들로 지방(lipid), 단백질(protein)과 탄수화물(carbohydrate, 다당류)로 구분할 수 있다. 식물다당류는 천연화장품에서 중요한 역할을 수행하므로 별도의 장에서 자세히 설명되어 있다.

2차 대사산물은 식물의 생장에는 필수적이지는 않지만, 곤충이나 초식동물들이 잎을 먹었을 때 쓴맛을 내게 하거나 자외선으로부터 식물을 보호하고, 곰팡이 등의 침입으로부터 식물체를 방어하며 꽃의 수분을 원활히 하는 역할 등을 수행한다. 2차 대사산물은 크게 터펜류, 배당체, 폴리페놀 및 알칼로이드로 구분할 수 있다.

터펜류(terpenoids)는 탄소 5개의 이소프렌(isoprene) 조합으로 이루어지는 물질들을 의미한다(그림 9.4). 지구상에는 15,000종류 이상의 터펜류가 존재하는 만큼 매우 다양한 물질들이 식물에 들어있다. 터펜류를 좀 더 세분하면 식물호르몬, 카로틴색소, 스테롤(sterol), 라텍스(고무) 그리고 식물 고유의 향을 내는 성유로 나눌 수 있다. 대부분의 터펜류는 곤충들이 잎을 먹을 때 쓴맛을 내게 하여 잎을 보호하는 역할을 하는 것으로 보인다. 몇 가지 중요한 터펜류를 그림 9.5에 나타내었다.

배당체(glycoside)란 당(또는 포도당)을 함유한 물질들을 의미하며 대단히 방대한 성분들을 포함하고 있다. 배당체 또한 초식동물에게 쓴맛을 내게 하여 식물체를

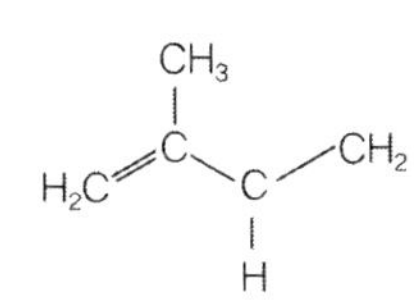

그림 9.4 이소프렌의 화학구조

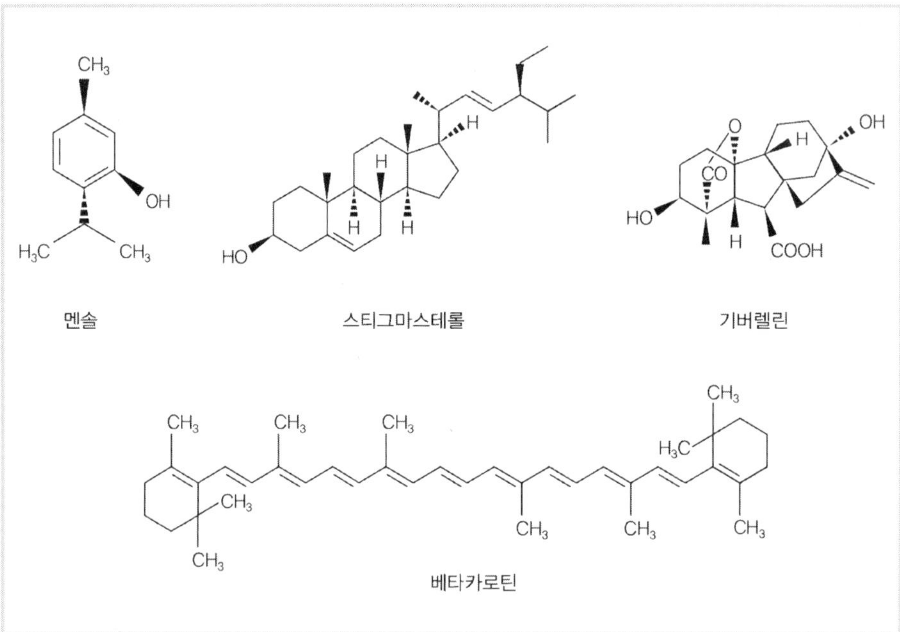

그림 9.5 대표적인 터펜류

보호하는 역할을 하는 것으로 추측된다. 대표적인 배당체로는 인삼 등에 많이 분포하는 사포닌류(saponin), 심장병 치료에 활용되는 디기톡신(digitoxin), 매실의 독성분인 청산배당체와 겨자의 매운 성분인 시니그린(sinigrin) 등이 있다(그림 9.6 참조).

폴리페놀류(polyphenol)는 방향족 화합물인 벤젠고리를 함유하는 물질들로서 매우 많은 종류의 화학구조들이 존재한다. 이 물질들은 꽃의 수분을 위한 식물-곤충의 매개 역할뿐만 아니라 자외선으로부터 식물을 보호하는 일도 수행한다고 추측된다. 대표적인 폴리페놀류로는 플라보노이드(flavonoid), 쿠마린(coumarin), 목질의 주성분인 리그닌(lignin), 녹차의 주성분인 탄닌(tannin) 등이 있다(그림 9.7 참조). 특히 플라보노이드는 천연화장품에 다량 함유되었으므로 별도의 장에서 보다 자세히 언급하고자 한다.

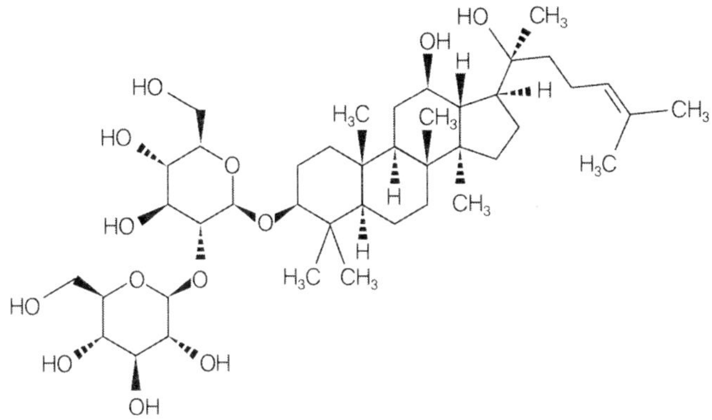

인삼 진세노사이드 Rg3

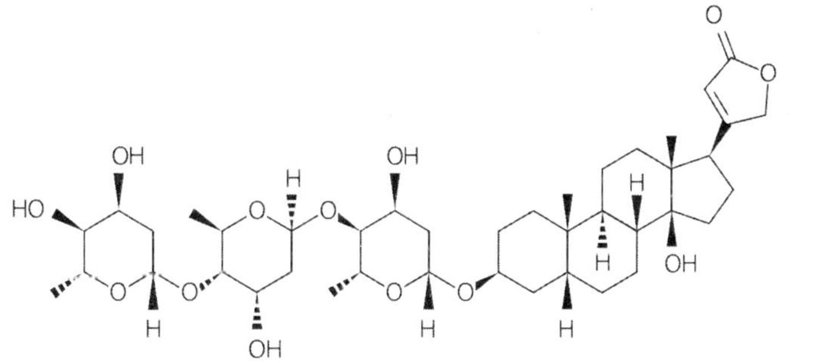

디기톡신

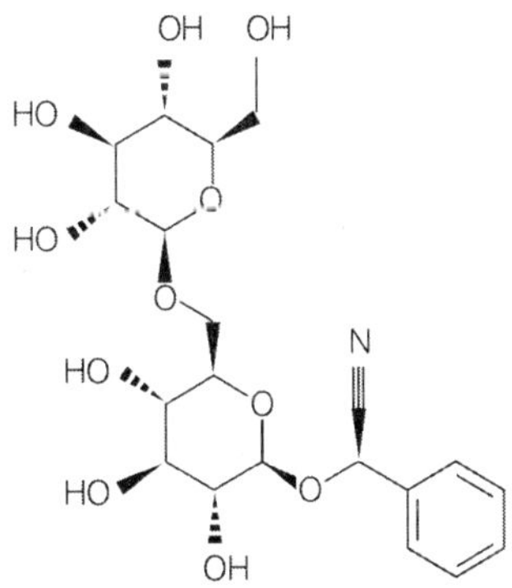

아미달린

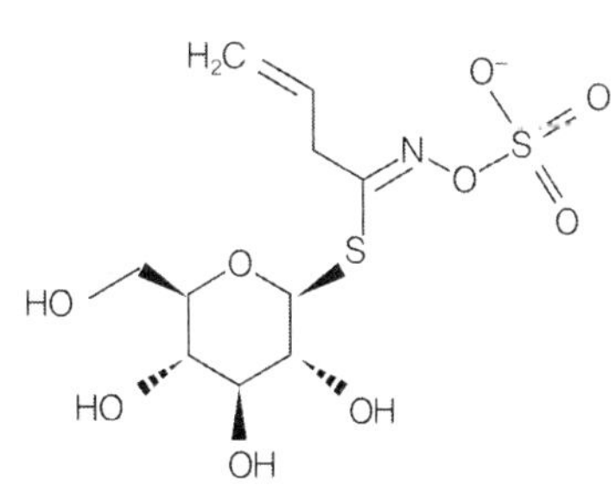

시니그린

그림 9.6 대표적인 배당체의 화학구조

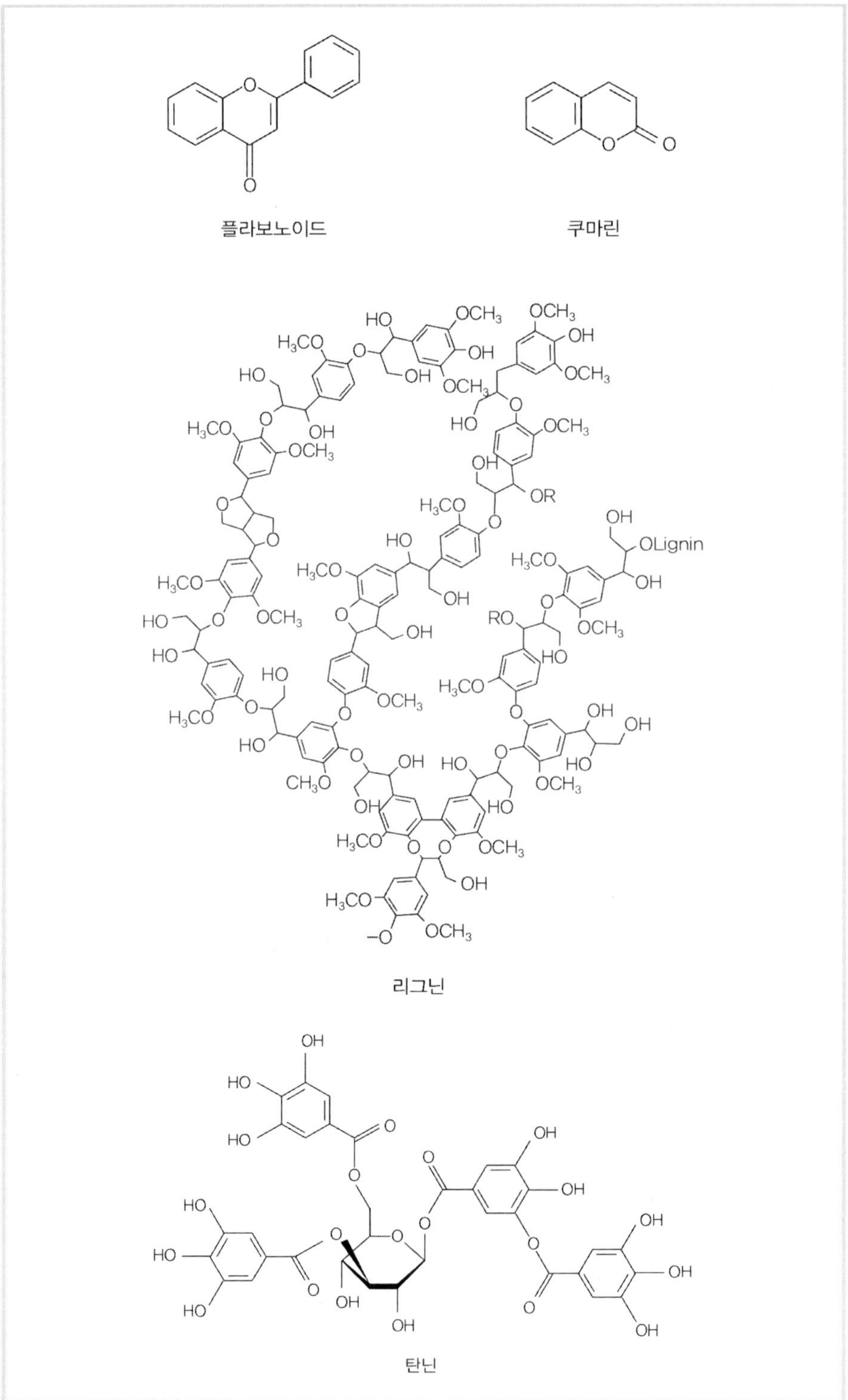

그림 9.7 대표적 폴리페놀류의 화학구조

알칼로이드(alkaloid)는 질소를 함유하고, 수용성이면서 강한 생리활성을 가지는 물질의 총칭이며 자연계에 12,000종의 매우 다양한 화학구조로서 존재한다. 대표적인 물질로는 커피 등에 함유된 카페인(caffeine), 양귀비에 들어있는 모르핀(morphine), 말라리아 치료제로 사용되는 퀴놀린(quinoline) 등이 있다.

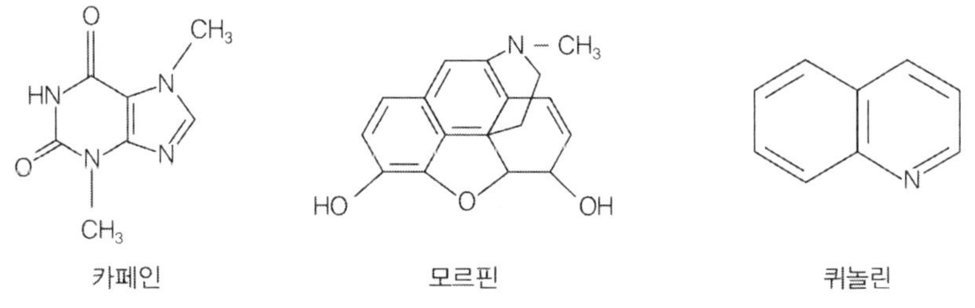

그림 9.8 대표적인 알칼로이드의 화학구조

9.3 다당류

다당류(polysaccharide) 또한 화장품 소재로서 널리 사용되고 있다. 다당류란 포도당과 같은 단일 당성분이 최소 10개 이상 보통 수십에서 수천 개 정도 결합된 형식으로 이루어져 있다. 다당류는 식물계에서 에너지 저장원(쌀, 밀, 감자 등)으로 사용되며, 사람을 비롯한 동물들은 이들을 섭취함으로써 생활하는 에너지를 얻게 된다. 참고로 당의 수가 3~10개 정도 포함된 물질을 올리고당(oligosaccharide)이라고 한다. 대표적인 다당류라 할 수 있는 아밀로스(amylose)의 구조가 그림 9.9에 나타나 있다.

다당류는 에너지원뿐만 아니라 구조의 변화를 통하여 다양한 성분으로 자연계에 나타난다. 식물에서 섬유소로 사용되는 셀룰로스(cellulose), 아라비노자일란스(arabin- oxylans), 곤충류와 갑각류의 단단한 껍집을 형성하는 키틴(chitin), 글리코사미노글리칸(glycosaminoglycans), 히알루론산(hyaluronic acid), 콘드로이친산(chondroitin sulfate), 다시마 · 미역 등의 해조류에 풍부한 후코이단(fucoidan) 등도 광범위 다당류(뮤코다당류)에 포함되게 된다.

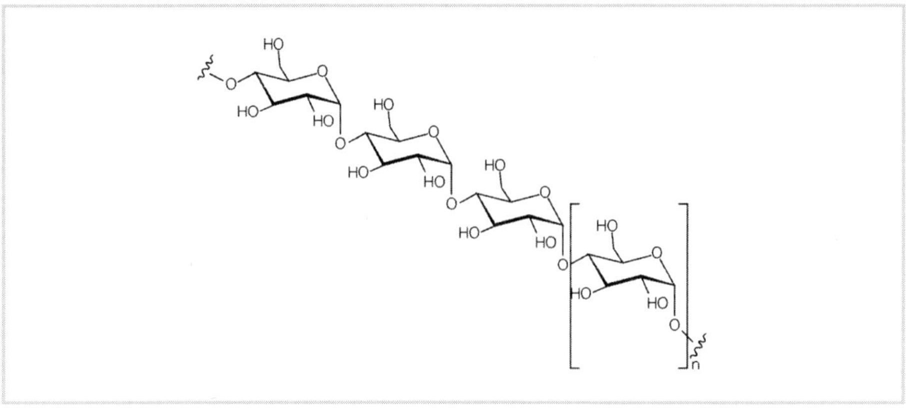

그림 9.9 아밀로스의 화학구조

무엇보다 다당류는 충분한 보습효과를 나타내면서 동시에 항노화, 항염증 기능을 갖춘 소재도 제법 있어서 천연화장품 원료로 널리 사용되고 있다. 다만 분자량이 크기 때문에 피부도포 시 흡수가 어려운 경우가 많으므로 가수분해 등을 통하여 분자량을 더 작게 해야 화장품 원료로서 바람직하다.

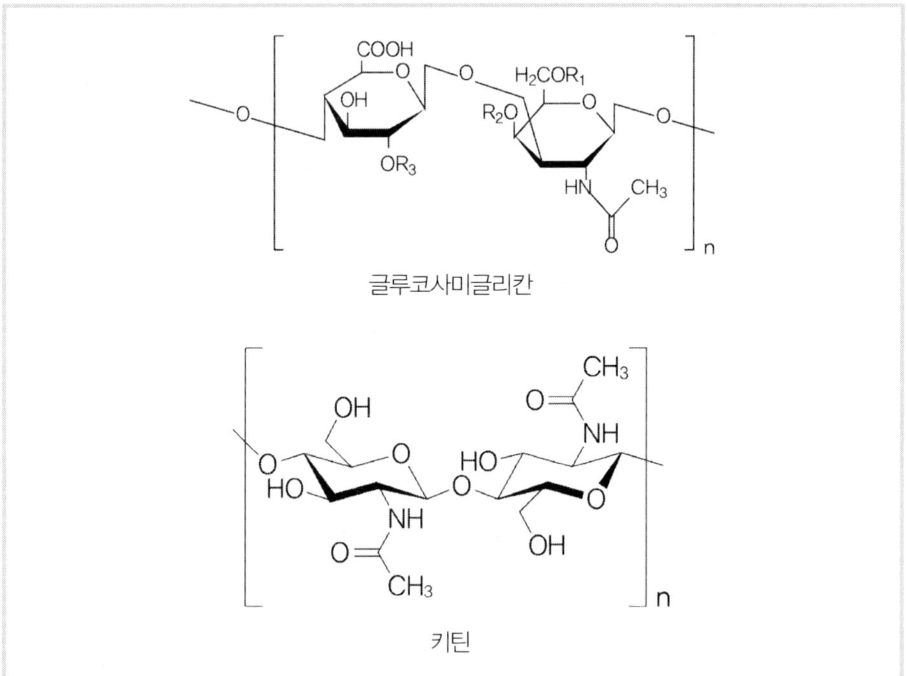

그림 9.10 글루코사미글리칸, 키틴과 후코이단의 화학구조

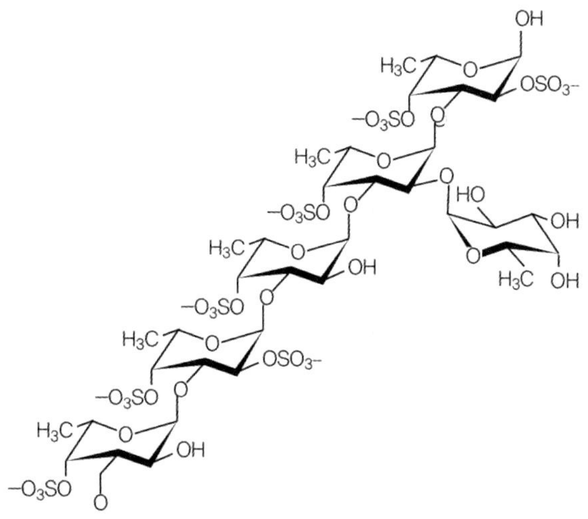

그림 9.10 글루코사미글리칸, 키틴과 후코이단의 화학구조 (계속)

9.4 플라보노이드

플라보노이드(flavonoids)는 5,000종 이상의 화학구조를 가지고 있는 자연계에서 매우 중요한 천연물질군의 하나이다. 플라보노이드는 일반적으로 15개의 C(탄소)를 가지며 2개의 페닐고리환과 1개의 헤테로환이 C6−C3−C6의 구조를 이룬다(그림 9.11). 플라보는 라틴어로 노란색이라는 뜻을 지닌다. 식물에 매우 광범위하게 분포하는 플라보노이드는 곤충들을 끌어들이기 위해 꽃의 색을 부여하고, 강한 자외선으로부터 식물을 보호하는 작용을 하며, 질소고정 세균을 유도하는 등 식물의 생장에 필수적인 역할을 수행한다.

플라보노이드는 좀 더 세부적으로 안소사이아니딘(anthocyanidins), 안소잔틴(anthoxanthins), 플라보논(flavanones), 플라바노놀(flavanonols), 플라반(flavans)과 이소플라보노이드(isoflavonoids)로 분류할 수 있다(그림 9.12). 플라보노이드의 약리작용은 매우 다양하며 항산화효과, 항염증효과, 항암효과와 항균효과가 보고되었다.

이외에도 플라보노이드는 강력한 자외선 차단효과도 가지고 있어서 천연화장품 소재로 널리 사용되고 있다. 플라보노이드가 다량 함유된 식품으로는 파슬리(parsley), 블루베리, 차, 감귤류, 포도주, 코코아, 땅콩 등이 대표적이다.

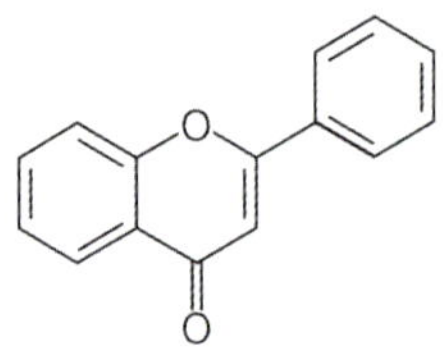

그림 9.11 플라보노이드의 기본 구조

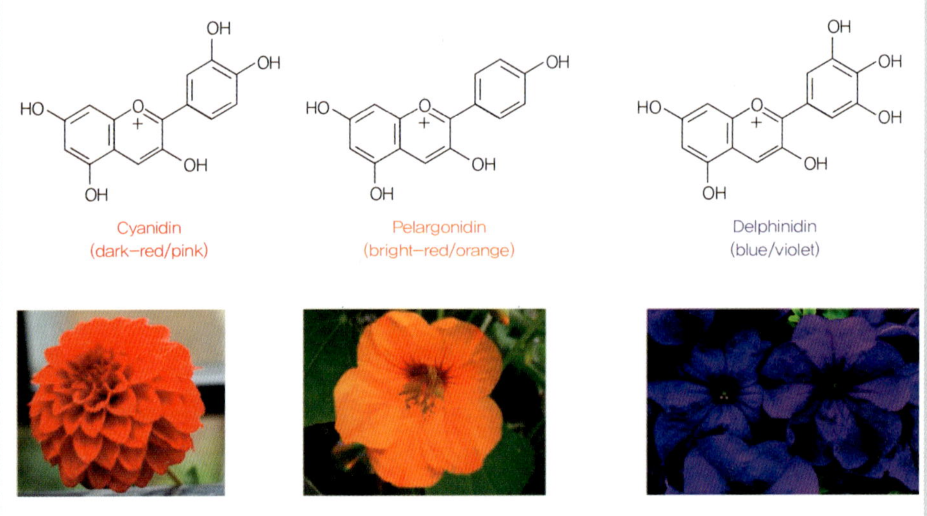

그림 9.12 안소사이아니딘 계열의 여러 화학물질

9.5 식품 관련 소재

우리가 자주 식용으로 먹는 대부분의 식품은 안전성이 인정되었다. 안전성이나 독성에 문제가 있는 식품 소재들은 식용이 되지 않으며, 장기간 사용된 식품 소재는 그 안전성이 보장된 소재들이다. 화장품은 의약품과 달리 몇 개월 이상 장기간 피부에 도포되기에 그 무엇보다 안전성이 가장 중요한 항목이다. 이런 점에서 식품은 일단 안전성이 확보된 소재이므로 화장품 소재로서 매력적인 대상이 된다. 다만 화장품 소재로서 활용이 되기 위해서는 피부에 유용한 특성을 지녀야 한다. 식품 중에서도 건강기능식품들이 있는데 이들은 특정 기능성을 부여한 식품군들이다. 마치 화장품에서 기능성화장품의 위치가 식품 중 건강기능식품과 유사하다고 할 수 있다.

다음은 식품의약품안전처에서 고시(제2019-149호)한 건강기능식품의 기준 및 규격에서 제3개별 기준 및 규격 중 기능성원료를 나타낸다.

표 9.1 건강기능식품 소재

2-1 인삼
2-2 홍삼
2-3 엽록소 함유 식물
2-4 클로렐라
2-5 스피루리나
2-6 녹차 추출물
2-7 알로에 전잎
2-8 프로폴리스 추출물
2-9 코엔자임Q10
2-10 대두소이플라본
2-11 구아바잎 추출물
2-12 바나바잎 추출물
2-13 은행잎 추출물
2-14 밀크씨슬(카르두스 마리아누스) 추출물
2-15 달맞이꽃종자 추출물
2-16 EPA 및 DHA 함유 유지
2-17 감마리놀렌산 함유 유지
2-18 레시틴
2-19 스쿠알렌
2-20 식물스테롤/식물스테롤에스테르
2-21 알콕시글리세롤 함유 상어간유
2-22 옥타코사놀 함유 유지
2-23 매실 추출물
2-24 공액리놀레산

(계속)

2-25 가르시니아캄보지아 추출물
2-26 마리골드꽃 추출물
2-28 쏘팔메토 열매 추추물
2-29 포스파티딜세린
2-30 글루코사민
2-31 NAG(엔에이지, N-아세틸글루코사민, N-Acetylglucosamine)
2-32 뮤코다당·단백
2-33 구아검/구아검가수분해물
2-34 글루코만난(곤약, 곤약만난)
2-35 귀리식이섬유
2-36 난소화성말토덱스트린
2-37 대두식이섬유
2-38 목이버섯식이섬유
2-39 밀식이섬유
2-40 보리식이섬유
2-41 아라비아검(아카시아검)
2-42 옥수수겨식이섬유
2-43 이눌린/치커리 추출물
2-44 차전자피식이섬유
2-45 폴리덱스트로스
2-46 호로파종자식이섬유
2-47 알로에 겔
2-48 영지버섯 자실체 추출물
2-49 키토산/키토올리고당
2-50 프락토올리고당
2-51 프로바이오틱스
2-52 홍국
2-53 대두단백
2-54 테아닌
2-55 엠에스엠(MSM, Methyl sulfonylmethane, 디메틸설폰)
2-56 폴리감마글루탐산
2-57 히알루론산
2-58 홍경천 추출물
2-59 빌베리 추출물
2-60 마늘
2-61 라피노스
2-62 분말한천
2-63 크레아틴
2-64 유단백가수분해물

2-65 상황버섯 추출물
2-66 토마토 추출물
2-67 곤약감자 추출물
2-68 회화나무열매 추출물

이 중 화장품 소재로서 널리 사용되는 녹차추출물과 레시틴의 제조기준 항목을 보면 다음과 같다.

2-6 녹차추출물

1) 제조기준

(1) 원재료: 녹차(*Camellia sinensis, Thea sinensis*) 잎

(2) 제조방법: 상기 (1)의 원재료를 물 또는 주정(물·주정 혼합물 포함), 초산에틸로 추출 후 여과하여 제조하여야 함

(3) 기능성분(또는 지표성분)의 함량: 카테킨을 200 mg/g 이상 함유하고 있어야 함. 카테킨은 에피갈로카테킨((-)-epigallocatechin, EGC), 에피갈로가테킨갈레이트((-)-epigallocatechin gallate, EGCG), 에피카테킨((-)-epicatechin, EC) 및 에피카테킨갈레이트((-)-epicatechin gallate, ECG) 합계량으로 환산하며 4가지 카테킨이 모두 확인되어야 함. 다만, 최종제품의 경우 4가지 카테킨을 모두 확인할 필요는 없음

2-18 레시틴

1) 제조기준

(1) 원재료: 대두, 난황

(2) 제조방법

(가) 대두레시틴: 대두에서 추출한 유지를 여과하고 수소화한 후 분리하여 얻은 레시틴 검화물에서 유지를 추출하여 제조하여야 함

(나) 난황레시틴: 난황을 물 또는 주정(물·주정 혼합물 포함)을 사용하여 추출·여과한 후 용매를 제거하고 제조하여야 함

(3) 기능성분(또는 지표성분)의 함량: 인지질(아세톤불용물로서)이 360 mg/g 이상 함유되어 있어야 하며 인지질 중 포스파티딜콜린은 대두레시틴은 100 mg/g 이상, 난황레시틴은 600 mg/g 이상 함유되어야 함

(4) 제조 시 유의사항: 난황레시틴을 사용한 경우 콜레스테롤이 10,000 mg/kg 이하이어야 함

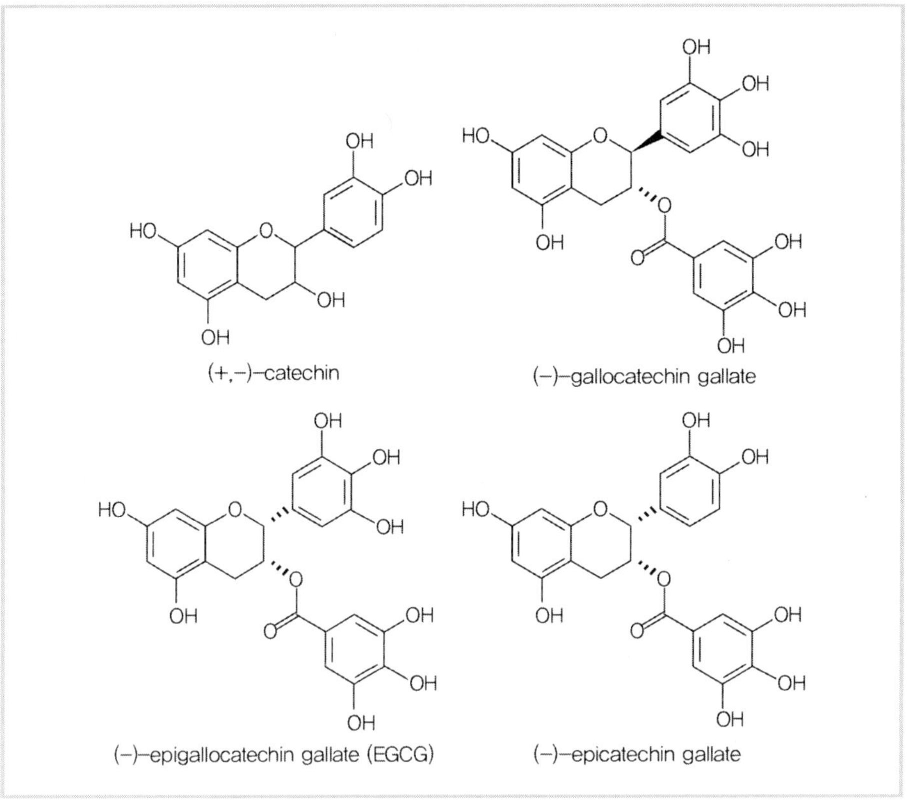

그림 9.13 녹차에 포함된 카테킨류(Catechins)의 화학구조

9.6 한방 소재

한방 소재는 한국화장품이 개발하여 특화한 대표적인 분야이다. 설화수(아모레퍼시픽)는 피부와 관련된 전통 한방 처방인 자음단을 바탕으로 작약, 연자육, 옥죽, 백합, 지황 등이 포함된 것으로 알려져 있다. 한방 소재는 한국, 중국, 일본 등 동양에서 한약으로 사용된 소재를 말한다.

한국을 대표하는 문화유산인 『동의보감』(1610년 완성)은 허준이 완성하였으며, 『동의보감』의 구성은 목차 2권, 의학 내용 23권으로 이루어져 있다. 의학 내용은 내경편(內景篇)(6권), 외형편(外形篇)(4권), 잡병편(雜病篇)(11권), 탕액편(湯液篇)(3권), 침구편(鍼灸篇)(1권)의 5편으로 이루어져 있다. 신체에 관한 내용을 안팎으로 나누어 신체 내부와 관련된 내용을 「내경편」에, 신체 외부와 관련된 내용을 「외형편」에 두었고, 신체 관련 내용에 포함되지 않는 각종 병 이론과 구체적인 병 내용은 「잡병편」에 묶였다. 「탕액편」은 가장 주요한 치료수단인 약에 관한 이론과 구체적인 약물에 관한 각종 지식을 실었고, 「침구편」은 또 하나의 치료수단인 침·뜸의 이론과 실재를 다뤘다.

중국의 중의학을 대표하는 『본초강목』(1578년 완성)은 명나라 이시진이 지은 약초학의 연구서이다. 총 52권을 수록하였고, 약의 종류는 1,892종이다. 1,109장의 도해와 11,096종의 처방이 들어 있으며, 이 중 8,000여개는 이시진 자신이 수집·확정하였다.

우리나라의 한방생약 소재는 식품의약품안전처의 대한민국약전(11개정)이나 대한민국약전외한약(생약)규격집을 참조하면 보다 자세한 사항들을 알 수 있다. 이 중 식품용으로 사용할 수 있는 한약재의 예시는 아래와 같다. 다만 한방 소재는 약재이므로 종류에 따라 상당한 독성이 있을 수 있다. 따라서 소재의 안전성(독성)에 주의를 기울여서 화장품 소재로 사용하여야 한다.

식품용으로 사용 가능한 원재료(한약재) 목록(117품목)

가시연꽃 씨앗(검인), 갈대뿌리(노근), 감초, 개다래나무열매(목천료), 겐티아나, 겨우살이(곡기생), 고량강, 고본, 고수열매(호유자), 구기자, 구기자뿌리(지골피), 구절초, 국화(감국), 귤나무열매껍질(진피), 금불초(선복화), 금앵자, 금은화(인동), 금은화, 꿀풀(하고초), 녹각, 녹용, 난삼, 당귀, 대회향(팔각회향), 도라지(길경), 독활, 동과씨(동과자), 두충, 띠(모근), 만삼(당삼), 맥문동, 모싯대(제니), 몰약, 무, 씨(내복자), 민들레(포공영), 박하, 배초향(곽향), 백강잠, 백리향(사향초), 백수오, 백합, 복령, 복분자, 복신, 비자, 비파엽, 뽕나무 열매(상심자), 뽕나무가지(상지), 뽕나무뿌리껍질(상백피), 사상자, 사인, 사철쑥(인진호), 사프란, 산대추(산조인), 산사, 산수유, 산약, 삼씨(마인), 삽주뿌리(백출), 생강(건강), 생지황, 석창포, 쇠무릅(우슬), 숙지황, 아출(봉출), 알로에(노회), 어성초, 염나무껍질(해동피), 엉겅퀴(대계), 연 씨(연자육), 연잎(하엽), 오가피, 오미자, 옥수수수염(옥촉서예), 왕느릅나무 껍질(유백피), 용안육, 원지, 육계 가지(계지), 육계(계피), 육두구, 은행엽, 익모초, 익지, 작약, 잔대(사삼), 전칠삼(삼칠), 정향, 죽력, 쥐오줌풀(길초근), 지각, 지치(자근), 지황, 찔레나무 열매(영실), 차즈기씨(자소자), 차즈기잎(자소엽), 창출, 천궁, 천마, 천문동, 청피, 측백엽, 치자, 칡꽃(갈화), 칡뿌리(갈근), 침향, 택란, 토사자, 필발, 하수오, 한속단, 해당화(매괴화), 형개, 호로파, 황금, 황기, 회향, 회화나무 열매(괴각)

항노화 소재로서 자주 사용되는 연근에 대한 주름개선효과의 실험결과가 그림 9.14에 나타나 있다.

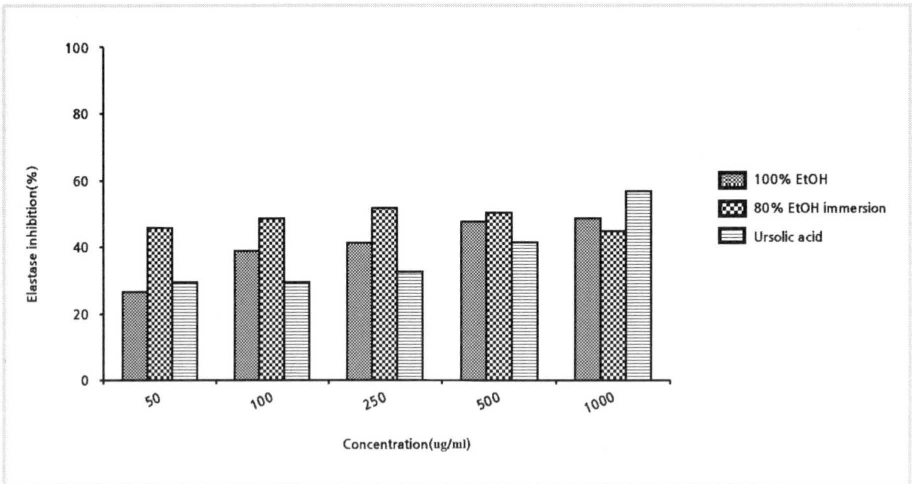

그림 9.14 연근 뿌리 추출물의 주름개선 효과(Elastase 억제효과)(김희진 등, 2008)

연습문제

1 녹차추출물의 대표적 지표성분 4가지를 쓰시오.

2 동의보감에 대해 설명하시오.

3 플라보노이드의 기본 구조를 그리시오.

4 키틴의 기본 구조를 그리시오.

5 식물을 크게 4종류로 분류하시오.

6 1차 대사산물과 2차 대사산물이란 무엇인가?

『동의보감』

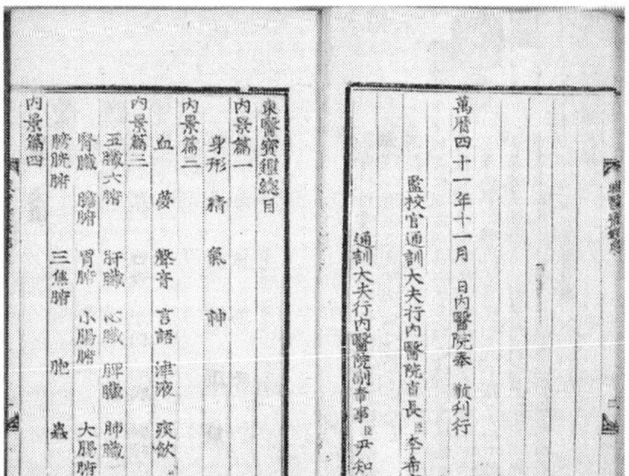
萬曆四十一年十一月 日內醫院奉 教刊行
監校官通訓大夫行內醫院直長 臣 李希憲
通訓大夫行內醫院副奉事 臣 尹知微

東醫寶鑑總目
內景篇一
身形 精 氣 神
內景篇二
血 夢 聲音 言語 津液 痰飮
內景篇三
五臟六腑 肝臟 心臟 脾臟 肺臟
腎臟 膽腑 胃腑 小腸腑 大腸腑
膀胱腑 三焦腑 胞 蟲
內景篇四

『동의보감』은 허준(1539~1615)이 선조의 명을 받아 중국과 우리나라의 의학 서적(한의학)을 하나로 모은 백과사전으로서, 1596년(선조 29)부터 편찬하여 1610년(광해 2)에 완성된 의학서이다. 『동의보감』은 당시 의학을 집대성하였다는 평가를 받고 있다. 허준이 직접 간행에 관여하여 나온 『동의보감』의 어제본은 국립중앙도서관과 한국학중앙연구원이 소장 중이며, 각각 국보 319호와 319-2호로 지정되었고, 2001년 9월 유네스코 세계기록유산으로 등록되었다.

내용은 내과학인 내경편(內景篇), 외과학인 외형편(外形篇), 잡병편, 약방 관계의 탕액편(湯液篇), 침구편 등으로 이루어져 있으며, 각 편마다 여러 항목이 있고, 각 항목마다 소제목들과 단방(單方), 침구법(針灸法)이 있다.

■ 내경편(內景篇)(전4권)

1권: 신형(身形), 정(精), 기(氣), 신(神)

2권: 혈(血), 몽(夢), 성음(聲音), 언어(言語), 진액(津液), 담음(痰飮)

3권: 오장육부(五臟六腑), 간장(肝臟), 심장(心臟), 비장(脾臟), 폐장(肺臟), 신장(腎臟), 담부(膽腑), 위부(胃腑), 소장부(小腸腑), 대장부(大腸腑), 방광부(膀胱腑), 삼초부(三焦腑), 포(胞), 충(蟲)

4권: 소변(小便), 대변(大便)

■ 외형편(外形篇) (전4권)

1권: 두(頭), 면(面), 안(眼)

2권: 이(耳), 비(鼻), 구설(口舌), 치아(齒牙), 인후(咽喉), 경항(頸項), 배(背)

3권: 흉(胸), 유(乳), 복(腹), 제(臍), 요(腰), 협(脇), 피(皮), 육(肉), 맥(脈), 근(筋), 골(骨)

4권: 수(手), 족(足), 모발(毛髮), 전음(前陰), 후음(後陰)

■ 잡병(雜病編) (전11권)

1권: 천지운기(天地運氣), 심병(審病), 변증(辨證), 진맥(診脈), 용약(用藥), 토(吐), 한(汗), 하(下)

2권: 풍(風), 한상(寒上)

3권: 한하(寒下), 서(暑), 습(濕), 조(燥), 화(火)

4권: 내상(內傷), 허로(虛勞)

5권: 곽란(霍亂), 구토(嘔吐), 해수(咳嗽)

6권: 적취(積聚), 부종(浮腫), 창만(脹滿), 소갈(消渴), 황달(黃疸)

7권: 학질(瘧疾), 온역(瘟疫), 사수(邪祟), 옹저상(癰疽上)

8권: 옹저하(癰疽下), 제창(諸瘡)

9권: 제상(諸傷), 해독(解毒), 구급(救急), 괴질(怪疾), 잡방(雜方)

10권: 부인(婦人)

11권: 소아(小兒)

■ 탕액편(湯液編) (전3권)

1권: 탕액서례(湯液序例), 수부(水部), 토부(土部), 곡부(穀部), 인부(人部), 금부(禽部), 수부(獸部)

2권: 어부(魚部), 충부(蟲部), 과부(果部), 채부(菜部), 초부상(草部上)

3권: 초부하(草部下), 목부(木部), 옥부(玉部), 석부(石部), 금부(金部)

■ 침구편(鍼灸編) (전1권)

1권: 침구(鍼灸)

10장

화장품 분석시험

본 장에서는 수많은 화장품 분석법 중 대표적으로 총 호기성 생균수 한도 시험, 중금속 시험, 포름알데히드 분석, 점도 측정법(이상 기능성화장품기준 및 시험방법), 정제수 기준(대한약전 11개정), 세포독성시험과 굴절율 측정시험을 소개하고자 한다.

10.1 총 호기성 생균수 한도 시험

이 시험은 화장품 중 존재하는 호기성 세균 및 진균의 수를 측정하는 시험으로 식품의약품안전처 가이드라인 중 화장품 미생물한도 시험법에 따른다. 세균은 한천평판도말법에 따라 시험하며, 검액은 대두카제인소화한천배지(tryptic soy agar, TSA)에 0.1 ml 이상 도말하고, 배지는 30~35℃에서 적어도 48시간 배양한다. 대두카제인소화한천배지의 조성이 아래에 나타나 있다. 콜로니(colony)의 수는 평판당 300개 이하의 CFU를 최대치로 하여 총 세균수를 측정한다.

대두카제인소화한천배지(tryptic soy agar)

카제인제 펩톤	15.0 g	한천	15.0 g
대두제 펩톤	5.0 g	정제수	1000 mL
염화나트륨	5.0 g		

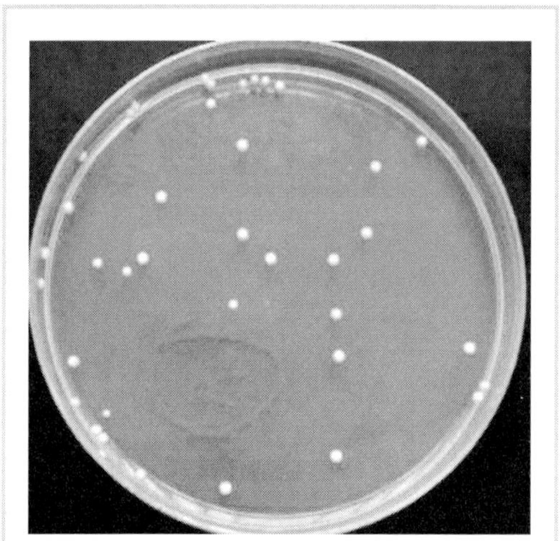

그림 10.1 콜로니(Colony Forming Unit) 형성

진균(곰팡이, 효모)은 한천평판도말법에 따라 시험하며, 검액은 사부로포도당한천(sabouraud dextrose agar, SDA) 배지를 사용하여 세균과 같은 방법으로 시험한다. 배지는 20~25℃에서 적어도 5일간 배양한다. 사부로포도당한천의 조성은 다음과 같다. 콜로니의 수는 평판당 100개 이하의 CFU를 최대치로 하여 총 진균수를 측정한다.

항생물질첨가사부로포도당한천배지(Sabouraud dextrose agar)

육제 또는 카제인제 펩톤	10.0 g
포도당	20.0 g
한천	15.0 g
정제수	1000 mL

10.2 중금속 시험

화장품의 금지원료 중 카드뮴(Cadmium, Cd)에 대한 시험법을 소개한다(식품의약품안전처 화장품중 배합금지성분 분석법 가이드라인 참조). 검체 약 0.2 g을 정밀하게 달아 테플론제의 극초단파분해용 용기의 기벽에 닿지 않도록 조심하여 넣는다. 검체를 분해하기 위하여 질산 7 mL, 불화수소산 2 mL를 넣고 뚜껑을 닫은 다음 용기를 극초단파분해 장치에 장착하고 조작조건 1에 따라 무색 ~ 엷은 황색이 될 때까지 분해한다. 상온으로 식힌 다음 조심하여 뚜껑을 열어 희석시킨 붕산(5→100) 20 mL를 넣고 뚜껑을 닫은 다음 용기를 극초단파분해 장치에 장착하고 조작조건 2에 따라 불소를 불활성화시킨다.

상온으로 식힌 다음 조심하여 뚜껑을 열고 분해물을 100 mL 용량플라스크에 옮기고 물 적당량으로 용기 및 뚜껑을 씻어 넣고 물을 넣어 100 mL로 한다. 침전물이 있을 경우 여과하여 사용한다. 이 액을 물로 5배 희석하여 검액으로 한다. 따로 질산 7 mL, 불화수소산 2 mL를 가지고 검액과 동일하게 조작하여 공시험액으로 한다. 각각의 표준액을 조작조건에 따라 유도결합플라즈마-질량분석기(ICP-MS)에 주입하여 얻은 카드뮴의 검량선을 가지고 검액 중 카드뮴의 양을 측정한다.

10.3 포름알데하이드(HCHO) 분석

시료 약 1.0 g을 정밀하게 달아 초산 · 초산나트륨완충액 20 mL를 넣어 1시간 진탕 추출한 다음 1 mL를 정확하게 취하여 물을 넣어 200 mL로 한다. 여기서 100 mL를 정확하게 취하여 초산 · 초산나트륨완충액 4 mL를 넣은 다음 균질하게 섞어서 6 mol/L 염산 또는 6 mol/L 수산화나트륨 용액을 넣어 pH를 5.0으로 조정한다. 이 액에 2,4-디니트로페닐하이드라진시액 6.0 mL를 넣고 40℃에서 1시간 진탕한 다음, 디클로로메탄 20 mL로 3회 추출한 후, 무수황산나트륨 5.0 g을 놓은 깔때기를 써서 여과한다. 이 여액을 감압에서 가온하여 증발 건고한 다음 잔류물에 아세토니트릴 5.0 mL를 넣어 녹인 액을 검액으로 한다.

따로 포름알데하이드 표준품을 물로 희석하여 0.001, 0.01, 0.03, 0.05, 0.1, 0.2 μg/mL의 액을 만든 후, 각 액 100 mL씩을 정확하게 취하여 검액과 같은 방법으로 전처리하여 표준액으로 한다. 검액 및 표준액 각 10 μL씩을 가지고 다음 조건으로 액체크로마토그래프(HPLC) 법의 절대검량선법에 따라 시험한다. 필요한 경우 표준액의 검량선 범위 내에서 시료 채취량 또는 희석배수를 조정할 수 있다. 포름알데하이드의 크로마토그램이 그림 10.2에 나타나 있다.

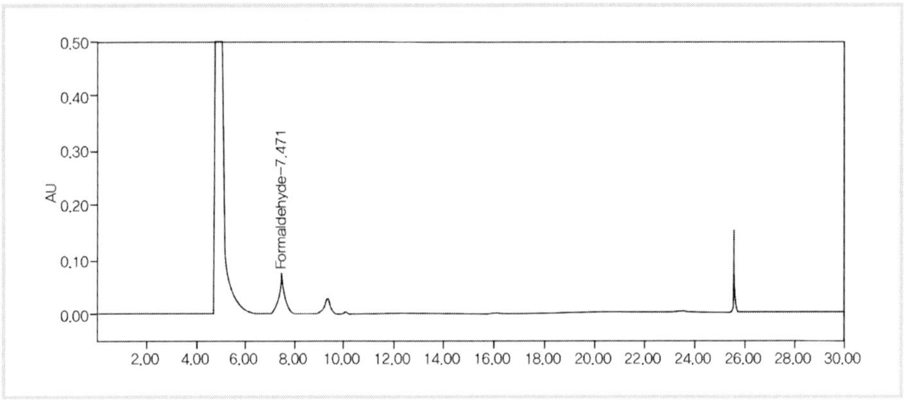

그림 10.2 HPLC를 이용한 포름알데하이드 분석

10.4 점도 측정법

이 측정법은 주로 비뉴톤유동적 점성액체의 점도를 측정하는 방법으로 브룩크필드(Brookfield)형 점도계를 사용하여 점성액 안에서 일정한 가속도로 회전하는 로우더에 움직이는 액의 점성저항토로크를 용수철로 검출하고 점도를 환산한다. 로우더의 종류 및 회전수는 가변으로 되어 있으며 검체액체에 적합한 것을 선택한다. 점도단위로는 센티포아스를 쓴다.

장　치　그림 10.3과 같은 장치를 쓴다.

A: 회전수조절손잡이

B: 지침

C: 눈금

D: 액침표시

E: 로우더

F: 가드

조 작 법　원료각조에서 규정하는 로우더 E와 가드 F를 단다. 회전수조절손잡이 A를 원료각조에서 규정하는 회전수에 설정한다. 검체를 넣은 용기 중

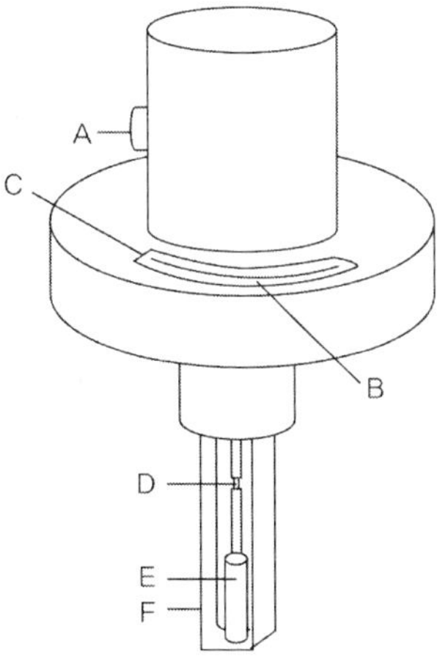

그림 10.3 브룩크필드형 점도계

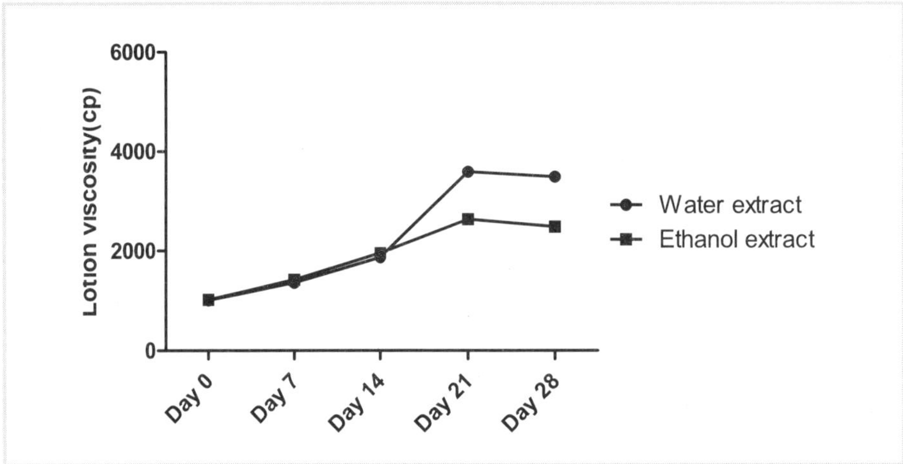

그림 10.4 여주(*Momordica charantia*) 추출물을 포함한 로션의 28일간 점도변화(안정성시험) (김현우 등, 2014)

에 E를 가만히 넣고 검체의 액면을 액침표시 D에 일치시킨다.

전원에 연결하여 E를 회전시키면 지침 B는 0부터 움직이기 시작한다. B가 안정하거나 또는 일정시간 경과한 다음 회전을 그치고 B에서 나타낸 눈금 C를 읽는다. 이 나타낸 값에 사용한 E의 종류 및 회전수에 따라 정해지는 별표의 환산정수를 곱하여 검체의 절대점도 센티포아스를 산출한다. 예를 들어 원료각조에서 1,500 ~ 2,500(2호, 12회전, 30초간) 센티포아스로 규정한 것은 2호 로우더를 써서 1분간 12회전으로 30초 후의 점도가 1,500 ~ 2,500 센티포아스임을 나타낸다. 또 원료각조에서 30,000 ~ 40,000(4호, 12회전, 안정) 센티포아스라고 규정한 것은 4호 로우더를 써서 1분간 12회전으로 지침의 눈금이 안정하게 되었을 때의 점도가 30,000 ~ 40,000 센티포아스임을 나타낸다. 여주(Momordica charantia) 추출물을 포함한 로션의 점도변화가 그림 10.4에 나타나있다.

10.5 정제수 기준

화장품용 용수는 정제수 수준의 품질을 유지하여야 한다. 이에 따라 대한약전(식품의약품안전처 11개정)에 있는 정제수의 기준을 소개한다.

이 약은 이온교환, 증류, 역삼투 또는 한외여과 등을 단독 또는 조합시킨 시스템에 의해 「상수」로부터 만든다. 이 약은 제조한 다음 빨리 사용한다. 단 미생물의 증식이 억제되어 있을 때에는 일시적으로 이것을 보존할 수 있다.

성　　상 이 약은 무색투명한 액으로서 냄새는 없다.

순도시험 **유기체탄소** 시험할 때 0.50 mg/L 이하이다.

전 도 율 다음 방법으로 시험할 때 25℃에서 이 약의 전도율은 2.1 μS/cm 이하이다. 이 약의 적당량을 비커에 취해 흔들어 섞는다. 온도를 25±1℃로 조절하고, 세게 흔들어 섞으면서 일정시간마다 이 액의 전도율을 측정한다. 5분마다 전도율변화가 0.1 μS/cm 이하가 될 때의 전도율을 이 약의 전도율(25℃)로 한다.

유기체탄소(total organic carbon)의 양은 유기물을 고온에서 산화하여 생성한 CO_2의 양을 TOC 측정기를 이용하여 분석한다. 전도율은 물속에 있는 무기물의 양을 측정하며 전도도 측정기를 이용한다.

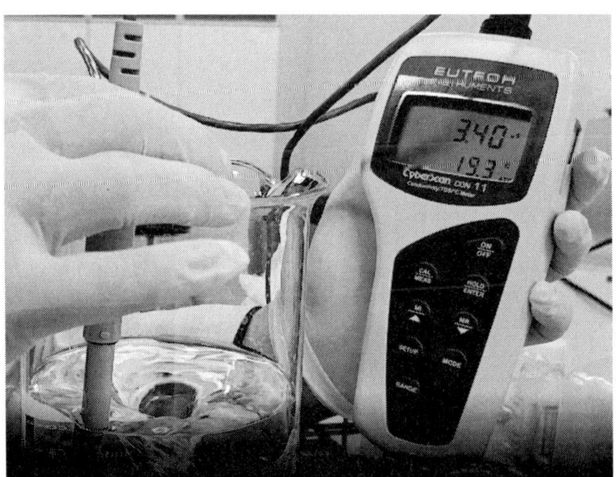

그림 10.5 정제수의 전도도 측정

10.6 세포독성시험

세포독성시험(MTT Assay)은 살아있는 세포를 미토콘드리아의 침전물정량을 통해 측정하는 실험으로 화장품 소재의 기초실험으로 매우 중요한 것이다. 화장품소재가 독성이 강하면 세포가 죽게되고 따라서 발색량이 줄어든다. 이 실험은 MTT[3-(4,5-dimethylthiazol-2-yl)-2,5-diphenyltetrazolium bromide] 시약이 불용성 formazan으로 환원되는 원리에 바탕을 두고 있다. 정량은 Mosmann 방법을 변형하여 측정하며, 양성대조군으로 Ascorbic acid(비타민 C)를 사용한다. B16F10 cell(마우스 멜라노마세포, 한국세포주은행)을 4×10^5 cell/mL씩 분주하여 24시간 배양 후 100~1,000 μg /mL의 농도로 희석한 추출물의 시료가 첨가된 새 배지로 교체하고 다시 24시간 동안 배양한다. 여기에 EZ-Cytox를 각 well당 10 μL를 첨가한 후 37℃, 5% CO_2 Incubator에서 1시간 동안 배양 후, 450 nm에서 ELISA reader로 흡광도를 측정한다. 괭이밥 추출물(Oxalidaceae extracts)의 세포독성실험 결과가 그림 10.6에 나타나있다.

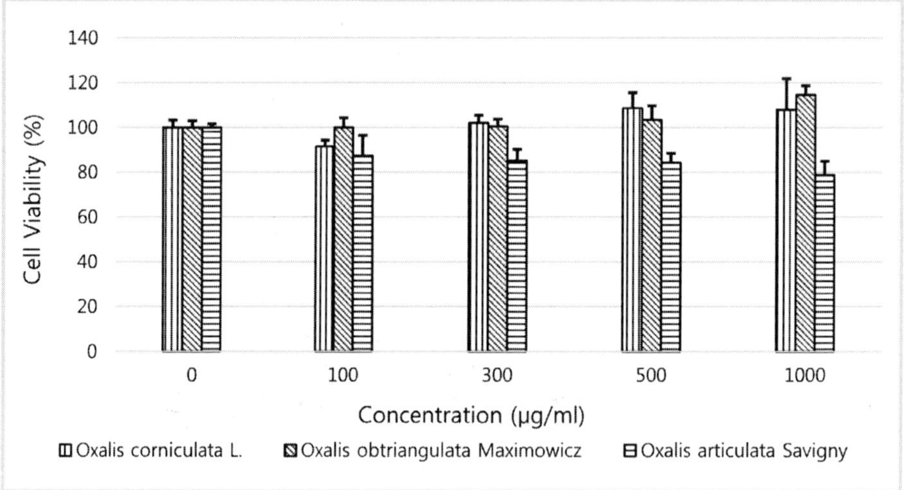

그림 10.6 괭이밥 추출물(Oxalidaceae extracts)의 세포독성실험(한동균 등, 2013)

10.7 항산화효과시험

항산화효과란 산소의 부산물로서 생성되는 활성산소(Reactive Oxygen Species)를 제거하는 효과를 의미한다. 활성산소에는 초과산화물라디칼($\bullet O_2^-$), 수산화라디칼($HO\bullet$), 과산화수소(H_2O_2) 등이 대표적이며 이들은 매우 강한 반응성을 가져서 인체 내에 생성 시 조직을 파괴하여 주름, 암 등을 발생시킨다. 인체는 활성산소를 제거하는 비타민 C, E와 Superoxide dismutase(SOD), catalase 등의 강력한 항산화물질들을 보유하고 있다. 나이가 들거나 상한 자외선에 자주 노출되면 발생하는 활성산소를 모두 즉시에 제거하지 못하여 노화 현상을 일으키게 된다.

항산화력을 평가하는 다양한 시험법이 존재하나 그중 DPPH 라디칼 소거능이 가장 자주 사용된다. 이 시험법은 DPPH(α,α-diphenyl-β-picrylhydrazyl)에 존재하는 자유라디칼을 화장품 소재가 제거함으로써 색이 변하는 현상을 이용한 시험법이다. 0.2 mM DPPH 100 μl를 항산화시료 200 μl와 25℃의 조건에서 10분간 반응시키며 517 nm의 파장에서 ELISA reader로 흡광도를 측정함으로써 항산화력이 구해진다(그림 10.7 참조).

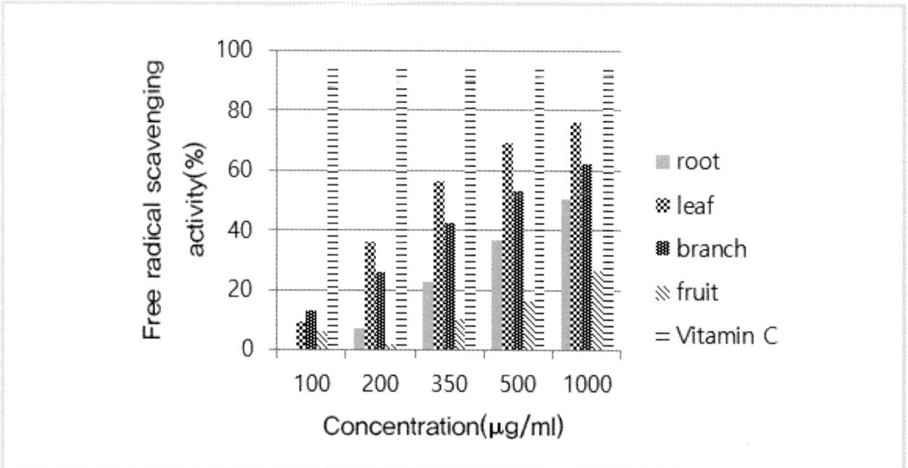

그림 10.7 꾸지뽕 뿌리, 잎, 줄기, 열매의 항산화력 평가(DPPH 자유라디칼 소거능)(신혜진 등, 2013)

10.8 항균력시험

이 시험은 화장품에 배합되는 방부제의 항세균 및 항진균효과를 시험하는 방법이다. 화장품의 오염은 제조과정보다는 개봉 후 실사용 기간에 발생할 가능성이 크다. 피부 특히 손가락에는 많은 미생물이 존재하며 이들이 화장품을 통하여 접촉되면 화장품 내로 침투하여 자랄 수 있다. 화장품은 멸균되는 제품은 아니라서 어느 정도 미생물의 생장은 용인된다. 구체적인 사항은 식품의약품안전처의 유통화장품 안전관리 기준(5.4절)을 참조하길 바란다.

화장품의 항균력시험으로는 디스크확산법(disc diffusion method)이 널리 사용되며 구체적인 실험방법은 다음과 같다. 클린벤치 환경하에서 미리 준비된 TSA 배지에 *Staphylococcus aureus, Pseudomonas aeruginosa, E.coli*와 *Candida albicans*를 각기 다른 플레이트에 기포 없이 깔아 주고 흐름이 없을 때까지 건조한다. 각각의 디스크에 시료군 및 대조군을 15 ul 씩 적신 후 배양기에서 37℃ 24시간 조건으로 배양한다. 대조군으로는 항균력이 없는 증류수와 항균력이 강한 페니실린을 사용하며, 시료군의 농도는 원액 자체를 100%, 그 외 농도는 증류수에 희석한다. 배양 후에 디스크 주위에 생성된 투명환(clear zone)의 직경을 측정하여 항균력을 평가한다.

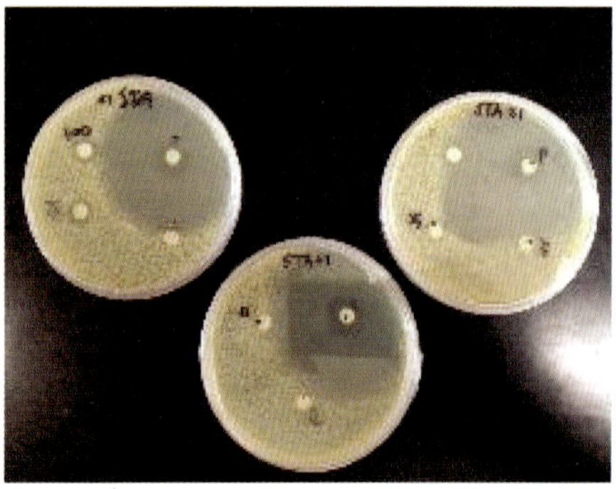

Staphylococcus aureus

대조군 및 시료	투명환 직경(mm)
페니실린	56
증류수	6
추출물 농도 100%	10
농도 75%	8
농도 50%	8
농도 25%	7
농도 10%	6

그림 10.8 수목 추출물의 항균력시험(김현우 등, 2013)

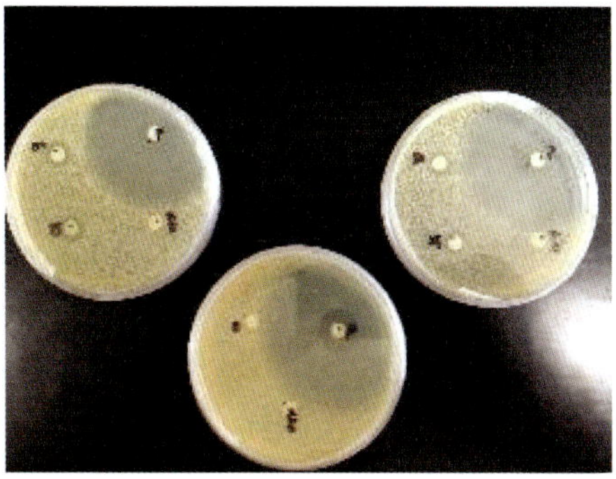

대조군 및 시료	clear zone 직경(mm)
페니실린	64
증류수	6
추출물 농도 100%	14
농도 75%	10
농도 50%	8
농도 25%	7
농도 10%	6

Candida albicans

그림 10.8 수목 추출물의 항균력시험(김현우 등, 2013) (계속)

10.9 굴절률 측정

빛은 굴절률이 다른 두 물질을 통과할 때 꺾이는 현상이 발생한다. 이를 굴절률이라 하며 물질의 고유치로서 특정물질의 존재를 확인하는데 널리 사용된다. 굴절률

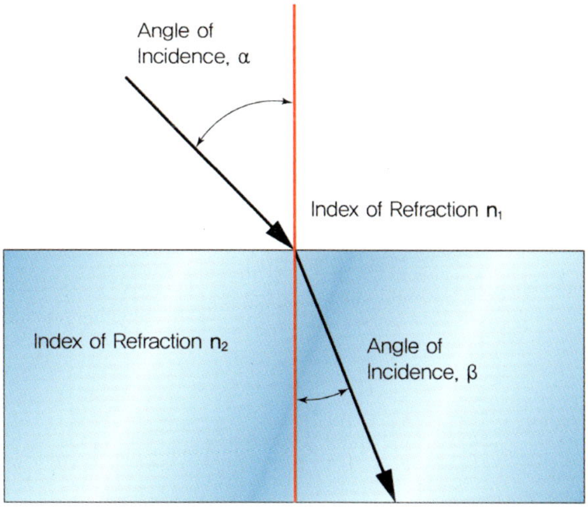

그림 10.9 굴절률

은 Snell의 법칙을 따른다.

$$n_1 \sin \alpha = n_2 \sin \beta$$

공기의 굴절률을 1로 하고 각 물질의 굴절률이 측정된다. 가장 널리 사용되는 물의 굴절률은 1.33이다. 서로 다른 두 종류의 기초화장품의 경우 배합 비율이 다르면, 굴절률도 달라진다. 굴절률은 아베굴절계(Abbe refractometer)를 이용하여 측정되며 이와 같은 굴절률을 이용하면 일정한 품질의 화장품의 제조를 위한 품질관리에 널리 이용될 수 있다.

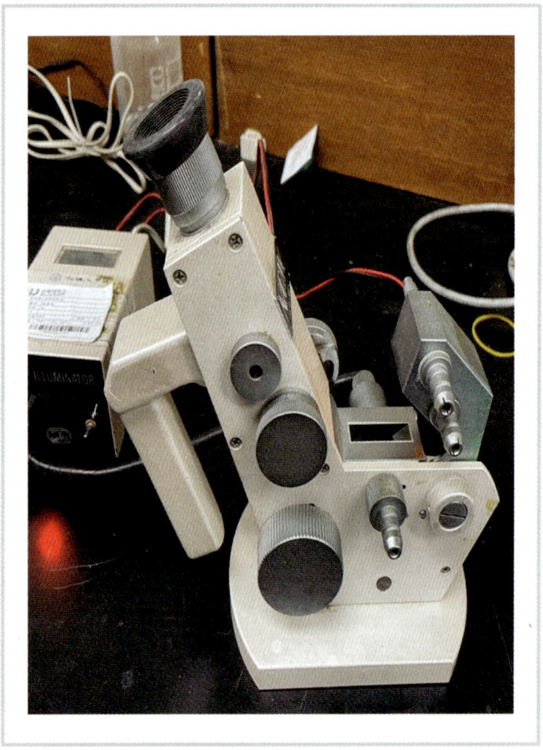

그림 10.10 아베굴절계

연습문제

1 총 호기성 생균수 한도 시험을 설명하시오.

2 Cd의 분석법을 설명하시오.

3 정제수의 대한약전 기준을 설명하시오.

4 세포독성시험을 설명하시오.

5 항산화효과 시험을 설명하시오.

6 항균력 시험을 설명하시오.

7 굴절률 측정을 설명하시오.

사례 노트

시세이도 화장품

SHISEIDO

일본 해군의 약사였던 후쿠하라 아리노부(福原有信)는 1872년 도쿄 중심가 긴자에 시세이도 약국을 설립하였다. 시세이도(資生)의 의미는 중국 고전 역경에 있는 구절에서 유래하였다고 한다. 시세이도는 살색 분위기와 색보정 얼굴 파우더를 처음으로 개발한 회사이다. 특히 광고와 디자인에 세심한 주의를 기울인 후쿠하라의 노력 덕분에 시세이도는 이 분야에서 나름대로의 명성을 얻을 수 있었다. 시세이도는 현재 전 세계 25,000개의 점포를 가진 아시아 최대 화장품 회사로 성장하였다.

11장

화장품 관련 법령

이 장에서는 화장품법, 화장품법 시행규칙, 화장품 관련 고시 및 가이드라인 중 중요한 사항에 대해 공부하고자 한다. 화장품과 관련된 규정 중 보다 자세한 사항에 대해서는 식품의약품안전처(https://www.mfds.go.kr/brd/m_203/list.do)와 국가법령정보센터(http:// www.law.go.kr/main.html)를 참조하면 된다.

11.1 화장품법

화장품법 중 중요한 사항들은 다음과 같다.

제3조의2(맞춤형화장품판매업의 신고) ① 맞춤형화장품판매업을 하려는 자는 총리령으로 정하는 바에 따라 식품의약품안전처장에게 신고하여야 한다. 신고한 사항 중 총리령으로 정하는 사항을 변경할 때에도 또한 같다.

② 제1항에 따라 맞춤형화장품판매업을 신고한 자(이하 "맞춤형화장품판매업자"라 한다)는 총리령으로 정하는 바에 따라 맞춤형화장품의 혼합 · 소분 업무에 종사하는 자(이하 "맞춤형화장품조제관리사"라 한다)를 두어야 한다.

제3조의4(맞춤형화장품조제관리사 자격시험) ① 맞춤형화장품조제관리사가 되려는 사람은 화장품과 원료 등에 대하여 식품의약품안전처장이 실시하는 자격시험에 합격하여야 한다.

② 식품의약품안전처장은 맞춤형화장품조제관리사가 거짓이나 그 밖의 부정한 방법으로 시험에 합격한 경우에는 자격을 취소하여야 하며, 자격이 취소된 사람은 취소된 날부터 3년간 자격시험에 응시할 수 없다.

③ 식품의약품안전처장은 제1항에 따른 자격시험 업무를 효과적으로 수행하기 위하여 필요한 전문인력과 시설을 갖춘 기관 또는 단체를 시험운영기관으로 지정하여 시험업무를 위탁할 수 있다.

④ 제1항 및 제3항에 따른 자격시험의 시기, 절차, 방법, 시험과목, 자격증의 발급, 시험운영기관의 지정 등 자격시험에 필요한 사항은 총리령으로 정한다.

위 제3조의 2와 제3조의 4는 맞춤형화장품에 관련된 사항이다.

제4조(기능성화장품의 심사 등) ① 기능성화장품으로 인정받아 판매 등을 하려는 화장품제조업자, 화장품책임판매업자(제3조제1항에 따라 화장품책임판매업을 등록한 자를 말한다. 이하 같다) 또는 총리령으로 정하는 대학 · 연구소 등은 품목별로 안전성 및 유효성에 관하여 식품의약품안전처장의 심사를 받거나 식품의약품안전처장에게 보고서를 제출하여야 한다. 제출한 보고서나 심사받은 사항을 변경할 때에도 또한 같다.

② 제1항에 따른 유효성에 관한 심사는 제2조제2호 각 목에 규정된 효능 · 효과에 한하여 실시한다.

③ 제1항에 따른 심사를 받으려는 자는 총리령으로 정하는 바에 따라 그 심사에 필요한 자료를 식품의약품안전처장에게 제출하여야 한다.

④ 제1항 및 제2항에 따른 심사 또는 보고서 제출의 대상과 절차 등에 관하여 필요한 사항은 총리령으로 정한다.

제5조의2(위해화장품의 회수) ① 영업자는 제9조, 제15조 또는 제16조제1항에 위반되어 국민보건에 위해(危害)를 끼치거나 끼칠 우려가 있는 화장품이 유통 중인 사실을 알게 된 경우에는 지체 없이 해당 화장품을 회수하거나 회수하는 데에 필요한 조치를 하여야 한다.

② 제1항에 따라 해당 화장품을 회수하거나 회수하는 데에 필요한 조치를 하려는 영업자는 회수계획을 식품의약품안전처장에게 미리 보고하여야 한다.

③ 식품의약품안전처장은 제1항에 따른 회수 또는 회수에 필요한 조치를 성실하게 이행한 영업자가 해당 화장품으로 인하여 받게 되는 제24조에 따른 행정처분을 총리령으로 정하는 바에 따라 감경 또는 면제할 수 있다.

④ 제1항 및 제2항에 따른 회수 대상 화장품, 해당 화장품의 회수에 필요한 위해성 등급 및 그 분류기준, 회수계획 보고 및 회수절차 등에 필요한 사항은 총리령으로 정한다.

제8조(화장품 안전기준 등) ① 식품의약품안전처장은 화장품의 제조 등에 사용할 수 없는 원료를 지정하여 고시하여야 한다.

② 식품의약품안전처장은 보존제, 색소, 자외선차단제 등과 같이 특별히 사용상의 제한이 필요한 원료에 대하여는 그 사용기준을 지정하여 고시하여야 하며, 사용기준

이 지정 · 고시된 원료 외의 보존제, 색소, 자외선차단제 등은 사용할 수 없다.

③ 식품의약품안전처장은 국내외에서 유해물질이 포함되어 있는 것으로 알려지는 등 국민보건상 위해 우려가 제기되는 화장품 원료 등의 경우에는 총리령으로 정하는 바에 따라 위해요소를 신속히 평가하여 그 위해 여부를 결정하여야 한다.

④ 식품의약품안전처장은 제3항에 따라 위해평가가 완료된 경우에는 해당 화장품 원료 등을 화장품의 제조에 사용할 수 없는 원료로 지정하거나 그 사용기준을 지정하여야 한다.

⑤ 식품의약품안전처장은 제2항에 따라 지정 · 고시된 원료의 사용기준의 안전성을 정기적으로 검토하여야 하고, 그 결과에 따라 지정 · 고시된 원료의 사용기준을 변경할 수 있다. 이 경우 안전성 검토의 주기 및 절차 등에 관한 사항은 총리령으로 정한다.

⑥ 화장품제조업자, 화장품책임판매업자 또는 대학 · 연구소 등 총리령으로 정하는 자는 제2항에 따라 지정 · 고시되지 아니한 원료의 사용기준을 지정 · 고시하거나 지정 · 고시된 원료의 사용기준을 변경하여 줄 것을 총리령으로 정하는 바에 따라 식품의약품안전처장에게 신청할 수 있다.

⑦ 식품의약품안전처장은 제6항에 따른 신청을 받은 경우에는 신청된 내용의 타당성을 검토하여야 하고, 그 타당성이 인정되는 경우에는 원료의 사용기준을 지정 · 고시하거나 변경하여야 한다. 이 경우 신청인에게 검토 결과를 서면으로 알려야 한다.

⑧ 식품의약품안전처장은 그 밖에 유통화장품 안전관리 기준을 정하여 고시할 수 있다.

제9조(안전용기 · 포장 등) ① 화장품책임판매업자 및 맞춤형화장품판매업자는 화장품을 판매할 때에는 어린이가 화장품을 잘못 사용하여 인체에 위해를 끼치는 사고가 발생하지 아니하도록 안전용기 · 포장을 사용하여야 한다.

② 제1항에 따라 안전용기 · 포장을 사용하여야 할 품목 및 용기 · 포장의 기준 등에 관하여는 총리령으로 정한다.

제10조(화장품의 기재사항) ① 화장품의 1차 포장 또는 2차 포장에는 총리령으로 정하는 바에 따라 다음 각 호의 사항을 기재 · 표시하여야 한다. 다만, 내용량이 소량인 화장품의 포장 등 총리령으로 정하는 포장에는 화장품의 명칭, 화장품책임판매업자 및 맞춤형화장품판매업자의 상호, 가격, 제조번호와 사용기한 또는 개봉 후 사용기간(개

봉 후 사용기간을 기재할 경우에는 제조연월일을 병행 표기하여야 한다. 이하 이 조에서 같다)만을 기재 · 표시할 수 있다.

1. 화장품의 명칭
2. 영업자의 상호 및 주소
3. 해당 화장품 제조에 사용된 모든 성분(인체에 무해한 소량 함유 성분 등 총리령으로 정하는 성분은 제외한다)
4. 내용물의 용량 또는 중량
5. 제조번호
6. 사용기한 또는 개봉 후 사용기간
7. 가격
8. 기능성화장품의 경우 "기능성화장품"이라는 글자 또는 기능성화장품을 나타내는 도안으로서 식품의약품안전처장이 정하는 도안
9. 사용할 때의 주의사항
10. 그 밖에 총리령으로 정하는 사항

제10조에서는 화장품에 포함된 모든 성분을 표시해야 한다. 성분의 표시는 함량이 높은 순서대로 표시한다.

제11조(화장품의 가격표시) ① 제10조제1항제7호에 따른 가격은 소비자에게 화장품을 직접 판매하는 자(이하 "판매자"라 한다)가 판매하려는 가격을 표시하여야 한다.
② 제1항에 따른 표시방법과 그 밖에 필요한 사항은 총리령으로 정한다.

제13조(부당한 표시 · 광고 행위 등의 금지) ① 영업자 또는 판매자는 다음 각 호의 어느 하나에 해당하는 표시 또는 광고를 하여서는 아니 된다.

1. 의약품으로 잘못 인식할 우려가 있는 표시 또는 광고
2. 기능성화장품이 아닌 화장품을 기능성화장품으로 잘못 인식할 우려가 있거나 기능성화장품의 안전성 · 유효성에 관한 심사결과와 다른 내용의 표시 또는 광고
3. 천연화장품 또는 유기농화장품이 아닌 화장품을 천연화장품 또는 유기농화장품으로 잘못 인식할 우려가 있는 표시 또는 광고
4. 그 밖에 사실과 다르게 소비자를 속이거나 소비자가 잘못 인식하도록 할 우려

가 있는 표시 또는 광고
② 제1항에 따른 표시 · 광고의 범위와 그 밖에 필요한 사항은 총리령으로 정한다.

15조의2(동물실험을 실시한 화장품 등의 유통판매 금지) ① 화장품책임판매업자는 「실험동물에 관한 법률」 제2조제1호에 따른 동물실험(이하 이 조에서 "동물실험"이라 한다)을 실시한 화장품 또는 동물실험을 실시한 화장품 원료를 사용하여 제조(위탁제조를 포함한다) 또는 수입한 화장품을 유통 · 판매하여서는 아니 된다. 다만, 다음 각 호의 어느 하나에 해당하는 경우는 그러하지 아니하다.

1. 제8조제2항의 보존제, 색소, 자외선차단제 등 특별히 사용상의 제한이 필요한 원료에 대하여 그 사용기준을 지정하거나 같은 조 제3항에 따라 국민보건상 위해 우려가 제기되는 화장품 원료 등에 대한 위해평가를 하기 위하여 필요한 경우
2. 동물대체시험법(동물을 사용하지 아니하는 실험방법 및 부득이하게 동물을 사용하더라도 그 사용되는 동물의 개체 수를 감소하거나 고통을 경감시킬 수 있는 실험방법으로서 식품의약품안전처장이 인정하는 것을 말한다. 이하 이 조에서 같다)이 존재하지 아니하여 동물실험이 필요한 경우
3. 화장품 수출을 위하여 수출 상대국의 법령에 따라 동물실험이 필요한 경우
4. 수입하려는 상대국의 법령에 따라 제품 개발에 동물실험이 필요한 경우
5. 다른 법령에 따라 동물실험을 실시하여 개발된 원료를 화장품의 제조 등에 사용하는 경우
6. 그 밖에 동물실험을 대체할 수 있는 실험을 실시하기 곤란한 경우로서 식품의약품안전처장이 정하는 경우

② 식품의약품안전처장은 동물대체시험법을 개발하기 위하여 노력하여야 하며, 화장품책임판매업자 등이 동물대체시험법을 활용할 수 있도록 필요한 조치를 하여야 한다.

화장품의 제조과정에서 몇 가지 예외를 제외하고 동물시험은 원칙적으로 금지된다.

제16조(판매 등의 금지) ① 누구든지 다음 각 호의 어느 하나에 해당하는 화장품을 판매하거나 판매할 목적으로 보관 또는 진열하여서는 아니 된다. 다만, 제3호의 경우에는 소비자에게 판매하는 화장품에 한한다.

1. 제3조제1항에 따른 등록을 하지 아니한 자가 제조한 화장품 또는 제조 · 수입하여 유통 · 판매한 화장품

   1의2. 제3조의2제1항에 따른 신고를 하지 아니한 자가 판매한 맞춤형화장품

   1의3. 제3조의2제2항에 따른 맞춤형화장품조제관리사를 두지 아니하고 판매한 맞춤형화장품

2. 제10조부터 제12조까지에 위반되는 화장품 또는 의약품으로 잘못 인식할 우려가 있게 기재 · 표시된 화장품
3. 판매의 목적이 아닌 제품의 홍보 · 판매촉진 등을 위하여 미리 소비자가 시험 · 사용하도록 제조 또는 수입된 화장품
4. 화장품의 포장 및 기재 · 표시 사항을 훼손(맞춤형화장품 판매를 위하여 필요한 경우는 제외한다) 또는 위조 · 변조한 것

② 누구든지(맞춤형화장품조제관리사를 통하여 판매하는 맞춤형화장품판매업자 및 제2조제3호의2나목 단서에 해당하는 화장품 중 소분 판매를 목적으로 제조된 화장품의 판매자는 제외한다) 화장품의 용기에 담은 내용물을 나누어 판매하여서는 아니된다.

11.2 화장품법 시행규칙

화장품법 시행규칙 중 중요한 사항들은 다음과 같다.

제2조(기능성화장품의 범위) 「화장품법」(이하 "법"이라 한다) 제2조제2호 각 목 외의 부분에서 "총리령으로 정하는 화장품"이란 다음 각 호의 화장품을 말한다.

1. 피부에 멜라닌색소가 침착하는 것을 방지하여 기미 · 주근깨 등의 생성을 억제함으로써 피부의 미백에 도움을 주는 기능을 가진 화장품
2. 피부에 침착된 멜라닌색소의 색을 엷게 하여 피부의 미백에 도움을 주는 기능을 가진 화장품
3. 피부에 탄력을 주어 피부의 주름을 완화 또는 개선하는 기능을 가진 화장품
4. 강한 햇볕을 방지하여 피부를 곱게 태워주는 기능을 가진 화장품
5. 자외선을 차단 또는 산란시켜 자외선으로부터 피부를 보호하는 기능을 가진 화장품

6. 모발의 색상을 변화[탈염(脫染) · 탈색(脫色)을 포함한다]시키는 기능을 가진 화장품. 다만, 일시적으로 모발의 색상을 변화시키는 제품은 제외한다.
7. 체모를 제거하는 기능을 가진 화장품. 다만, 물리적으로 체모를 제거하는 제품은 제외한다.
8. 탈모 증상의 완화에 도움을 주는 화장품. 다만, 코팅 등 물리적으로 모발을 굵게 보이게 하는 제품은 제외한다.
9. 여드름성 피부를 완화하는 데 도움을 주는 화장품. 다만, 인체세정용 제품류로 한정한다.
10. 피부장벽(피부의 가장 바깥 쪽에 존재하는 각질층의 표피를 말한다)의 기능을 회복하여 가려움 등의 개선에 도움을 주는 화장품
11. 튼살로 인한 붉은 선을 엷게 하는 데 도움을 주는 화장품

제6조(시설기준 등) ① 법 제3조제2항 본문에 따라 화장품제조업을 등록하려는 자가 갖추어야 하는 시설은 다음 각 호와 같다.

1. 제조 작업을 하는 다음 각 목의 시설을 갖춘 작업소
   가. 쥐 · 해충 및 먼지 등을 막을 수 있는 시설
   나. 작업대 등 제조에 필요한 시설 및 기구
   다. 가루가 날리는 작업실은 가루를 제거하는 시설
2. 원료 · 자재 및 제품을 보관하는 보관소
3. 원료 · 자재 및 제품의 품질검사를 위하여 필요한 시험실
4. 품질검사에 필요한 시설 및 기구

② 제1항에도 불구하고 법 제3조제2항 단서에 따라 다음 각 호의 경우에는 그 구분에 따라 시설의 일부를 갖추지 아니할 수 있다.

1. 화장품제조업자가 화장품의 일부 공정만을 제조하는 경우에는 해당 공정에 필요한 시설 및 기구 외의 시설 및 기구
2. 다음 각 목의 어느 하나에 해당하는 기관 등에 원료 · 자재 및 제품에 대한 품질검사를 위탁하는 경우에는 제1항제3호 및 제4호의 시설 및 기구
   가. 「보건환경연구원법」 제2조에 따른 보건환경연구원
   나. 제1항제3호에 따른 시험실을 갖춘 제조업자
   다. 「식품 · 의약품분야 시험 · 검사 등에 관한 법률」 제6조에 따른 화장품 시험 · 검사기관(이하 "화장품 시험 · 검사기관"이라 한다)
   라. 「약사법」 제67조에 따라 조직된 사단법인인 한국의약품수출입협회

③ 제조업자는 화장품의 제조시설을 이용하여 화장품 외의 물품을 제조할 수 있다. 다만, 제품 상호 간에 오염의 우려가 있는 경우에는 그러하지 아니하다.

제7조(화장품의 품질관리기준 등) 법 제3조제3항에 따른 화장품의 품질관리기준은 별표 1과 같고, 책임판매 후 안전관리기준은 별표 2와 같다.

제8조의5(맞춤형화장품조제관리사 자격시험) ① 식품의약품안전처장은 매년 1회 이상 자격시험을 실시해야 한다.

② 식품의약품안전처장은 자격시험을 실시하려는 경우에는 시험일시, 시험장소, 시험과목, 응시방법 등이 포함된 자격시험 시행계획을 시험 실시 90일전까지 식품의약품안전처 인터넷 홈페이지에 공고해야 한다.

③ 자격시험은 필기시험으로 실시하며, 그 시험과목은 다음 각 호의 구분에 따른다.

1. 제1과목: 화장품 관련 법령 및 제도 등에 관한 사항
2. 제2과목: 화장품의 제조 및 품질관리와 원료의 사용기준 등에 관한 사항
3. 제3과목: 화장품의 유통 및 안전관리 등에 관한 사항
4. 제4과목: 맞춤형화장품의 특성 · 내용 및 관리 등에 관한 사항

④ 자격시험은 전 과목 총점의 60퍼센트 이상의 점수와 매 과목 만점의 40퍼센트 이상의 점수를 모두 득점한 사람을 합격자로 한다.

⑤ 자격시험에서 부정행위를 한 사람에 대해서는 그 시험을 정지시키거나 그 합격을 무효로 한다.

⑥ 식품의약품안전처장은 자격시험을 실시할 때마다 시험과목에 대한 전문 지식을 갖추거나 화장품에 관한 업무 경험이 풍부한 사람 중에서 시험 위원을 위촉한다. 이 경우 해당 위원에 대해서는 예산의 범위에서 수당 및 여비 등을 지급할 수 있다.

⑦ 제1항부터 제6항까지에서 규정한 사항 외에 자격시험의 실시 방법 및 절차 등에 필요한 세부 사항은 식품의약품안전처장이 정하여 고시한다.

본 조항은 맞춤형화장품조제관리사의 시험에 관한 사항이다.

제9조(기능성화장품의 심사) ① 법 제4조제1항에 따라 기능성화장품(제10조에 따라 보고서를 제출해야 하는 기능성화장품은 제외한다. 이하 이 조에서 같다)으로 인정받아 판매 등을 하려는 화장품제조업자, 화장품책임판매업자 또는 「기초연구진흥 및 기술개발지원에 관한 법률」 제6조제1항 및 제14조의2에 따른 대학 · 연구기관 · 연구소(이하 "연구기관등"이라 한다)는 품목별로 별지 제7호서식의 기능성화장품 심사의뢰서(전자

문서로 된 심사의뢰서를 포함한다)에 다음 각 호의 서류(전자문서를 포함한다)를 첨부하여 식품의약품안전평가원장의 심사를 받아야 한다. 다만, 식품의약품안전처장이 제품의 효능 · 효과를 나타내는 성분 · 함량을 고시한 품목의 경우에는 제1호부터 제4호까지의 자료 제출을, 기준 및 시험방법을 고시한 품목의 경우에는 제5호의 자료 제출을 각각 생략할 수 있다.

1. 기원(起源) 및 개발 경위에 관한 자료
2. 안전성에 관한 자료
   가. 단회 투여 독성시험 자료
   나. 1차 피부 자극시험 자료
   다. 안(眼)점막 자극 또는 그 밖의 점막 자극시험 자료
   라. 피부 감작성시험(感作性試驗) 자료
   마. 광독성(光毒性) 및 광감작성 시험 자료
   바. 인체 첩포시험(貼布試驗) 자료
3. 유효성 또는 기능에 관한 자료
   가. 효력시험 자료
   나. 인체 적용시험 자료
4. 자외선 차단지수 및 자외선A 차단등급 설정의 근거자료(자외선을 차단 또는 산란시켜 자외선으로부터 피부를 보호하는 기능을 가진 화장품의 경우만 해당한다)
5. 기준 및 시험방법에 관한 자료[검체(檢體)를 포함한다]

본 조항은 새로운 기능성화장품을 개발할 때 필요한 시험을 열거하고 있다.

제10조(보고서 제출 대상 등) ① 법 제4조제1항에 따라 기능성화장품의 심사를 받지 아니하고 식품의약품안전평가원장에게 보고서를 제출하여야 하는 대상은 다음 각 호와 같다.

1. 효능 · 효과가 나타나게 하는 성분의 종류 · 함량, 효능 · 효과, 용법 · 용량, 기준 및 시험방법이 식품의약품안전처장이 고시한 품목과 같은 기능성화장품
2. 이미 심사를 받은 기능성화장품[화장품제조업자(화장품제조업자가 제품을 설계 · 개발 · 생산하는 방식으로 제조한 경우만 해당한다)가 같거나 화장품책임판매업자가 같은 경우 또는 제9조제1항에 따라 기능성화장품으로 심사받은 연구기관등이 같은 기능성화장품만 해당한다. 이하 제3호에서 같다]과 다음 각 목의 사항이 모두 같은 품목. 다만, 제2조제1호부터 제3호까지 및 같은 조 제8호부터 제11호까지의 기능성화장품은 이미 심사를 받은 품목이 대조군(對照群)(효

능 · 효과가 나타나게 하는 성분을 제외한 것을 말한다)과의 비교실험을 통하여 효능이 입증된 경우만 해당한다.

가. 효능 · 효과가 나타나게 하는 원료의 종류 · 규격 및 함량(액체상태인 경우에는 농도를 말한다)

나. 효능 · 효과(제2조제4호 및 제5호의 기능성화장품의 경우 자외선 차단지수의 측정값이 마이너스 20퍼센트 이하의 범위에 있는 경우에는 같은 효능 · 효과로 본다)

다. 기준[산성도(pH)에 관한 기준은 제외한다] 및 시험방법

라. 용법 · 용량

마. 제형(劑形)[제2조제1호부터 제3호까지 및 같은 조 제6호부터 제11호까지의 기능성화장품의 경우에는 액제(Solution), 로션제(Lotion) 및 크림제(Cream)를 같은 제형으로 본다]

제11조(화장품제조업자의 준수사항 등) ① 법 제5조제1항에 따라 화장품 제조업자가 준수하여야 할 사항은 다음 각 호와 같다.

1. 별표 1의 품질관리기준에 따른 화장품책임판매업자의 지도 · 감독 및 요청에 따를 것
2. 제조관리기준서 · 제품표준서 · 제조관리기록서 및 품질관리기록서(전자문서 형식을 포함한다)를 작성 · 보관할 것
3. 보건위생상 위해(危害)가 없도록 제조소, 시설 및 기구를 위생적으로 관리하고 오염되지 아니하도록 할 것
4. 화장품의 제조에 필요한 시설 및 기구에 대하여 정기적으로 점검하여 작업에 지장이 없도록 관리 · 유지할 것
5. 작업소에는 위해가 발생할 염려가 있는 물건을 두어서는 아니 되며, 작업소에서 국민보건 및 환경에 유해한 물질이 유출되거나 방출되지 아니하도록 할 것
6. 제2호의 사항 중 품질관리를 위하여 필요한 사항을 화장품책임판매업자에게 제출할 것. 다만, 다음 각 목의 어느 하나에 해당하는 경우 제출하지 아니할 수 있다.

가. 화장품제조업자와 화장품책임판매업자가 동일한 경우

나. 화장품제조업자가 제품을 설계 · 개발 · 생산하는 방식으로 제조하는 경우로서 품질 · 안전관리에 영향이 없는 범위에서 화장품제조업자와 화장품책임판매업자 상호 계약에 따라 영업비밀에 해당하는 경우

7. 원료 및 자재의 입고부터 완제품의 출고에 이르기까지 필요한 시험 · 검사 또

는 검정을 할 것

8. 제조 또는 품질검사를 위탁하는 경우 제조 또는 품질검사가 적절하게 이루어지고 있는지 수탁자에 대한 관리 · 감독을 철저히 하고, 제조 및 품질관리에 관한 기록을 받아 유지 · 관리할 것

② 식품의약품안전처장은 제1항에 따른 준수사항 외에 식품의약품안전처장이 정하여 고시하는 우수화장품 제조관리기준을 준수하도록 제조업자에게 권장할 수 있다.

③ 식품의약품안전처장은 제2항에 따라 우수화장품 제조관리기준을 준수하는 제조업자에게 다음 각 호의 사항을 지원할 수 있다.

1. 우수화장품 제조관리기준 적용에 관한 전문적 기술과 교육
2. 우수화장품 제조관리기준 적용을 위한 자문
3. 우수화장품 제조관리기준 적용을 위한 시설 · 설비 등 개수 · 보수

본 조항에서는 제조관리기준서 · 제품표준서 · 제조관리기록서 및 품질관리기록서 작성을 의무화하고 있다. 이는 의약품생산 시 필요한 4대기준서와 매우 유사하다.

제12조(화장품책임판매업자의 준수사항) 법 제5조제2항에 따라 화장품책임판매업자가 준수해야 할 사항은 다음 각 호(영 제2조제2호라목의 화장품책임판매업을 등록한 자는 제1호, 제2호, 제4호가목 · 다목 · 사목 · 차목 및 제10호만 해당한다)와 같다.

1. 별표 1의 품질관리기준을 준수할 것
2. 별표 2의 책임판매 후 안전관리기준을 준수할 것
3. 제조업자로부터 받은 제품표준서 및 품질관리기록서(전자문서 형식을 포함한다)를 보관할 것
4. 수입한 화장품에 대하여 다음 각 목의 사항을 적거나 또는 첨부한 수입관리기록서를 작성 · 보관할 것
   가. 제품명 또는 국내에서 판매하려는 명칭
   나. 원료성분의 규격 및 함량
   다. 제조국, 제조회사명 및 제조회사의 소재지
   라. 기능성화장품심사결과통지서 사본
   마. 제조 및 판매증명서. 다만, 「대외무역법」 제12조제2항에 따른 통합 공고상의 수출입 요건 확인기관에서 제조 및 판매증명서를 갖춘 화장품책임판매업자가 수입한 화장품과 같다는 것을 확인받고, 제6조제2항제2호가목, 다목 또는 라목의 기관으로부터 화장품책임판매업자가 정한 품질관리기준에 따른 검사를 받아 그 시험성적서를 갖추어 둔 경우에는 이를 생략할 수 있다.

바. 한글로 작성된 제품설명서 견본
사. 최초 수입연월일(통관연월일을 말한다. 이하 이 호에서 같다)
아. 제조번호별 수입연월일 및 수입량
자. 제조번호별 품질검사 연월일 및 결과
차. 판매처, 판매연월일 및 판매량

5. 제조번호별로 품질검사를 철저히 한 후 유통시킬 것. 다만, 화장품제조업자와 화장품책임판매업자가 같은 경우 또는 제6조제2항제2호 각 목의 어느 하나에 해당하는 기관 등에 품질검사를 위탁하여 제조번호별 품질검사결과가 있는 경우에는 품질검사를 하지 아니할 수 있다.

제12조의2(맞춤형화장품판매업자의 준수사항) 법 제5조제3항에 따라 맞춤형화장품판매업자가 준수해야 할 사항은 다음 각 호와 같다.

1. 맞춤형화장품 판매장 시설 · 기구를 정기적으로 점검하여 보건위생상 위해가 없도록 관리할 것
2. 다음 각 목의 혼합 · 소분 안전관리기준을 준수할 것
   가. 혼합 · 소분 전에 혼합 · 소분에 사용되는 내용물 또는 원료에 대한 품질성적서를 확인할 것
   나. 혼합 · 소분 전에 손을 소독하거나 세정할 것. 다만, 혼합 · 소분 시 일회용 장갑을 착용하는 경우에는 그렇지 않다.
   다. 혼합 · 소분 전에 혼합 · 소분된 제품을 담을 포장용기의 오염 여부를 확인할 것
   라. 혼합 · 소분에 사용되는 장비 또는 기구 등은 사용 전에 그 위생 상태를 점검하고, 사용 후에는 오염이 없도록 세척할 것
   마. 그 밖에 가목부터 라목까지의 사항과 유사한 것으로서 혼합 · 소분의 안전을 위해 식품의약품안전처장이 정하여 고시하는 사항을 준수할 것
3. 다음 각 목의 사항이 포함된 맞춤형화장품 판매내역서(전자문서로 된 판매내역서를 포함한다)를 작성 · 보관할 것
   가. 제조번호
   나. 사용기한 또는 개봉 후 사용기간
   다. 판매일자 및 판매량
4. 맞춤형화장품 판매 시 다음 각 목의 사항을 소비자에게 설명할 것
   가. 혼합 · 소분에 사용된 내용물 · 원료의 내용 및 특성
   나. 맞춤형화장품 사용 시의 주의사항

5. 맞춤형화장품 사용과 관련된 부작용 발생사례에 대해서는 지체 없이 식품의약품안전처장에게 보고할 것

제17조(화장품 원료 등의 위해평가) ① 법 제8조제3항에 따른 위해평가는 다음 각 호의 확인 · 결정 · 평가 등의 과정을 거쳐 실시한다.

1. 위해요소의 인체 내 독성을 확인하는 위험성 확인과정
2. 위해요소의 인체노출 허용량을 산출하는 위험성 결정과정
3. 위해요소가 인체에 노출된 양을 산출하는 노출평가과정
4. 제1호부터 제3호까지의 결과를 종합하여 인체에 미치는 위해 영향을 판단하는 위해도 결정과정

② 식품의약품안전처장은 제1항에 따른 결과를 근거로 식품의약품안전처장이 정하는 기준에 따라 위해 여부를 결정한다. 다만, 해당 화장품 원료 등에 대하여 국내외의 연구 · 검사기관에서 이미 위해평가를 실시하였거나 위해요소에 대한 과학적 시험 · 분석 자료가 있는 경우에는 그 자료를 근거로 위해 여부를 결정할 수 있다.

③ 제1항 및 제2항에 따른 위해평가의 기준, 방법 등에 관한 세부 사항은 식품의약품안전처장이 정하여 고시한다.

제18조(안전용기 · 포장 대상 품목 및 기준) ① 법 제9조제1항에 따른 안전용기 · 포장을 사용하여야 하는 품목은 다음 각 호와 같다. 다만, 일회용 제품, 용기 입구 부분이 펌프 또는 방아쇠로 작동되는 분무용기 제품, 압축 분무용기 제품(에어로졸 제품 등)은 제외한다.

1. 아세톤을 함유하는 네일 에나멜 리무버 및 네일 폴리시 리무버
2. 어린이용 오일 등 개별포장 당 탄화수소류를 10퍼센트 이상 함유하고 운동점도가 21센티스톡스(섭씨 40도 기준) 이하인 비에멀젼 타입의 액체상태의 제품
3. 개별포장당 메틸 살리실레이트를 5퍼센트 이상 함유하는 액체상태의 제품

② 제1항에 따른 안전용기 · 포장은 성인이 개봉하기는 어렵지 아니하나 만 5세 미만의 어린이가 개봉하기는 어렵게 된 것이어야 한다. 이 경우 개봉하기 어려운 정도의 구체적인 기준 및 시험방법은 산업통상자원부장관이 정하여 고시하는 바에 따른다.

제19조(화장품 포장의 기재 · 표시 등) ① 법 제10조제1항 단서에 따라 다음 각 호에 해당하는 1차 포장 또는 2차 포장에는 화장품의 명칭, 화장품책임판매업자 또는 맞춤형화장품판매업자의 상호, 가격, 제조번호와 사용기한 또는 개봉 후 사용기간(개봉 후 사용기간을 기재할 경우에는 제조연월일을 병행 표기하여야 한다)만을 기재 · 표시할 수 있다. 다만, 제2호의 포장의 경우 가격이란 견본품이나 비매품 등의 표시를 말한다.

1. 내용량이 10밀리리터 이하 또는 10그램 이하인 화장품의 포장
2. 판매의 목적이 아닌 제품의 선택 등을 위하여 미리 소비자가 시험 · 사용하도록 제조 또는 수입된 화장품의 포장

② 법 제10조제1항제3호에 따라 기재 · 표시를 생략할 수 있는 성분이란 다음 각 호의 성분을 말한다.

1. 제조과정 중에 제거되어 최종 제품에는 남아 있지 않은 성분
2. 안정화제, 보존제 등 원료 자체에 들어 있는 부수 성분으로서 그 효과가 나타나게 하는 양보다 적은 양이 들어 있는 성분
3. 내용량이 10밀리리터 초과 50밀리리터 이하 또는 중량이 10그램 초과 50그램 이하 화장품의 포장인 경우에는 다음 각 목의 성분을 제외한 성분
   가. 타르색소
   나. 금박
   다. 샴푸와 린스에 들어 있는 인산염의 종류
   라. 과일산(AHA)
   마. 기능성화장품의 경우 그 효능 · 효과가 나타나게 하는 원료
   바. 식품의약품안전처장이 사용 한도를 고시한 화장품의 원료

제23조(표시 · 광고 실증의 대상 등) ① 법 제14조제1항에 따른 표시 · 광고 실증의 대상은 화장품의 포장 또는 별표 5 제1호에 따른 화장품 광고의 매체 또는 수단에 의한 표시 · 광고 중 사실과 다르게 소비자를 속이거나 소비자가 잘못 인식하게 할 우려가 있어 식품의약품안전처장이 실증이 필요하다고 인정하는 표시 · 광고로 한다.

② 법 제14조제3항에 따라 영업자 또는 판매자가 제출하여야 하는 실증자료의 범위 및 요건은 다음 각 호와 같다.

1. 시험결과: 인체 적용시험 자료, 인체 외 시험 자료 또는 같은 수준 이상의 조사자료일 것
2. 조사결과: 표본설정, 질문사항, 질문방법이 그 조사의 목적이나 통계상의 방법과 일치할 것

3. 실증방법: 실증에 사용되는 시험 또는 조사의 방법은 학술적으로 널리 알려져 있거나 관련 산업 분야에서 일반적으로 인정된 방법 등으로서 과학적이고 객관적인 방법일 것

③ 법 제14조제3항에 따라 영업자 또는 판매자가 실증자료를 제출할 때에는 다음 각 호의 사항을 적고, 이를 증명할 수 있는 자료를 첨부해 식품의약품안전처장에게 제출해야 한다.

1. 실증방법
2. 시험 · 조사기관의 명칭 및 대표자의 성명 · 주소 · 전화번호
3. 실증내용 및 실증결과
4. 실증자료 중 영업상 비밀에 해당되어 공개를 원하지 않는 경우에는 그 내용 및 사유

④ 제1항부터 제3항까지에서 규정한 사항 외에 표시 · 광고 실증에 필요한 사항은 식품의약품안전처장이 정하여 고시한다.

화장품에서 다양한 효능을 선전하기 위해서는 반드시 과학적인 시험결과를 제시하여야 한다.

11.3 화장품 관련 고시

화장품 관련 식품의약품안전처의 주요 고시항목들은 다음과 같다. 보다 자세한 사항은 식품의약품안전처 홈페이지를 참조하길 바란다.

표 11.1 화장품 관련 식품의약품안전처 주요 고시

고시명	주요 내용
화장품 안전기준 등에 관한 규정	화장품에 사용할 수 없는 원료 지정, 사용상의 제한이 필요한 원료 지정
우수화장품 제조 및 품질관리기준	화장품 제조 및 품질관리시 준수사항
화장품의 색소 종류와 기준 및 시험방법	화장품에 사용가능한 색소 종류와 기준, 시험방법

(계속)

고시명	주요 내용
천연화장품 및 유기농화장품의 기준에 관한 규정	천연화장품 및 유기농화장품의 기준 설정
기능성화장품 심사에 관한 규정	기능성화장품의 안전성, 유효성시험
기능성화장품 기준 및 시험방법	기능성화장품 품질기준에 관한 세부사항
화장품 가격표시제 실시요령	화장품을 판매하는 자에게 당해 품목의 실제거래 가격을 표시하도록 함
화장품 사용 시의 주의사항 및 알레르기 유발성분 표시에 관한 규정	화장품의 포장에 추가로 기재·표시하여야 하는 사용 시의 주의사항 및 성분명을 기재·표시하여야 하는 알레르기 유발성분의 종류를 정함을 목적으로 함
맞춤형화장품판매업자의 준수사항에 관한 규정	맞춤형화장품 혼합·소분의 안전을 위해 맞춤형화장품판매업자가 준수해야 하는 사항을 규정
화장품 표시·광고 실증에 관한 규정	소비자를 허위·과장광고로부터 보호하고 화장품책임판매업자·화장품제조업자·맞춤형화장품판매업자·판매자가 화장품의 표시·광고를 적정하게 할 수 있도록 유도함
맞춤형화장품조제관리사 자격시험 운영기관 지정에 관한 규정	맞춤형화장품조제관리사 자격시험 운영기관을 지정하고, 맞춤형화장품조제관리사 자격시험의 실시방법 및 절차에 필요한 세부사항을 정하는 것을 목적으로 함

11.4 우수화장품 제조 및 품질관리기준

우리나라에서 화장품 제조 시에 권장되는 사항으로 우수화장품 제조 및 품질관리기준(Cosmetic Good Manufacturing Practice, CGMP)이 존재한다. 사실 국내외 화장품 관련 대기업은 모두 이 기준을 충족하도록 제품이 생산되며, 우리나라의 식품의약품안전처에서도 현재는 권장사항이나 앞으로 의약품생산처럼 의무사항으로 변경할 것으로 공지하고 있다. 이번 절에서는 우수화장품 제조 및 품질관리기준에서 중요한 사항들에 대해 조문을 소개하고자 한다.

우수화장품 제조 및 품질관리기준 식품의약품안전처 고시 제2020-12호(2020. 2. 25, 개정)

> **제3조(조직의 구성)** ① 제조소별로 독립된 제조부서와 품질보증부서를 두어야 한다.
> ② 조직구조는 조직과 직원의 업무가 원활히 이해될 수 있도록 규정되어야 하며, 회사의 규모와 제품의 다양성에 맞추어 적절하여야 한다.
> ③ 제조소에는 제조 및 품질관리 업무를 적절히 수행할 수 있는 충분한 인원을 배치하여야 한다.

제3조에서 제조소별로 독립된 제조부서와 품질보증부서를 두는 것은 품질보증부서에서 제조부서의 간섭에서 벗어나 화장품의 품질에 이상이 발생할 경우 독자적으로 적절한 판단을 할 수 있게 보장하는 것으로서, 양질의 화장품을 일관되게 생산하는 GMP의 취지에 부합되는 매우 중요한 사항이다. 더구나 제조 및 품질관리 업무에 충분한 인원이 배치되어 정확히 제조 및 품질관리 시험이 수행되어야 함을 의미한다.

> **제6조(직원의 위생)** ① 적절한 위생관리 기준 및 절차를 마련하고 제조소 내의 모든 직원은 이를 준수해야 한다.
> ② 작업소 및 보관소 내의 모든 직원은 화장품의 오염을 방지하기 위해 규정된 작업복을 착용해야 하고 음식물 등을 반입해서는 아니 된다.
> ③ 피부에 외상이 있거나 질병에 걸린 직원은 건강이 양호해지거나 화장품의 품질에 영향을 주지 않는다는 의사의 소견이 있기 전까지는 화장품과 직접적으로 접촉되지 않도록 격리되어야 한다.
> ④ 제조구역별 접근권한이 없는 작업원 및 방문객은 가급적 제조, 관리 및 보관구역 내에 들어가지 않도록 하고, 불가피한 경우 사전에 직원 위생에 대한 교육 및 복장 규정에 따르도록 하고 감독하여야 한다.

> **제7조(건물)** ① 건물은 다음과 같이 위치, 설계, 건축 및 이용되어야 한다.
> 1. 제품이 보호되도록 할 것
> 2. 청소가 용이하도록 하고 필요한 경우 위생관리 및 유지관리가 가능하도록 할 것
> 3. 제품, 원료 및 포장재 등의 혼동이 없도록 할 것
>
> ② 건물은 제품의 제형, 현재 상황 및 청소 등을 고려하여 설계하여야 한다.

제8조(시설) ① 작업소는 다음 각 호에 적합하여야 한다.

1. 제조하는 화장품의 종류·제형에 따라 적절히 구획·구분되어 있어 교차오염 우려가 없을 것
2. 바닥, 벽, 천장은 가능한 청소하기 쉽게 매끄러운 표면을 지니고 소독제 등의 부식성에 저항력이 있을 것
3. 환기가 잘 되고 청결할 것
4. 외부와 연결된 창문은 가능한 열리지 않도록 할 것
5. 작업소 내의 외관 표면은 가능한 매끄럽게 설계하고, 청소, 소독제의 부식싱에 저항력이 있을 것
6. 수세실과 화장실은 접근이 쉬워야 하나 생산구역과 분리되어 있을 것
7. 작업소 전체에 적절한 조명을 설치하고, 조명이 파손될 경우를 대비한 제품을 보호할 수 있는 처리절차를 마련할 것
8. 제품의 오염을 방지하고 적절한 온도 및 습도를 유지할 수 있는 공기조화시설 등 적절한 환기시설을 갖출 것
9. 각 제조구역별 청소 및 위생관리 절차에 따라 효능이 입증된 세척제 및 소독제를 사용할 것
10. 제품의 품질에 영향을 주지 않는 소모품을 사용할 것

② 제조 및 품질관리에 필요한 설비 등은 다음 각 호에 적합하여야 한다.

1. 사용목적에 적합하고, 청소가 가능하며, 필요한 경우 위생·유지관리가 가능하여야 한다. 자동화시스템을 도입한 경우도 또한 같다.
2. 사용하지 않는 연결 호스와 부속품은 청소 등 위생관리를 하며, 건조한 상태로 유지하고 먼지, 얼룩 또는 다른 오염으로부터 보호할 것
3. 설비 등은 제품의 오염을 방지하고 배수가 용이하도록 설계, 설치하며, 제품 및 청소 소독제와 화학반응을 일으키지 않을 것
4. 설비 등의 위치는 원자재나 직원의 이동으로 인하여 제품의 품질에 영향을 주지 않도록 할 것
5. 용기는 먼지나 수분으로부터 내용물을 보호할 수 있을 것
6. 제품과 설비가 오염되지 않도록 배관 및 배수관을 설치하며, 배수관은 역류되지 않아야 하고, 청결을 유지할 것
7. 천정 주위의 대들보, 파이프, 덕트 등은 가급적 노출되지 않도록 설계하고, 파이프는 받침대 등으로 고정하고 벽에 닿지 않게 하여 청소가 용이하도록 설계할 것
8. 시설 및 기구에 사용되는 소모품은 제품의 품질에 영향을 주지 않도록 할 것

제9조(작업소의 위생) ① 곤충, 해충이나 쥐를 막을 수 있는 대책을 마련하고 정기적으로 점검·확인하여야 한다.

② 제조, 관리 및 보관 구역 내의 바닥, 벽, 천장 및 창문은 항상 청결하게 유지되어야 한다.

③ 제조시설이나 설비의 세척에 사용되는 세제 또는 소독제는 효능이 입증된 것을 사용하고 잔류하거나 적용하는 표면에 이상을 초래하지 아니하여야 한다.

④ 제조시설이나 설비는 적절한 방법으로 청소하여야 하며, 필요한 경우 위생관리 프로그램을 운영하여야 한다.

제10조(유지관리) ① 건물, 시설 및 주요 설비는 정기적으로 점검하여 화장품의 제조 및 품질관리에 지장이 없도록 유지·관리·기록하여야 한다.

② 결함 발생 및 정비 중인 설비는 적절한 방법으로 표시하고, 고장 등 사용이 불가할 경우 표시하여야 한다.

③ 세척한 설비는 다음 사용 시까지 오염되지 아니하도록 관리하여야 한다.

④ 모든 제조 관련 설비는 승인된 자만이 접근·사용하여야 한다.

⑤ 제품의 품질에 영향을 줄 수 있는 검사·측정·시험장비 및 자동화장치는 계획을 수립하여 정기적으로 교정 및 성능점검을 하고 기록해야 한다.

⑥ 유지관리 작업이 제품의 품질에 영향을 주어서는 안 된다.

제11조(입고관리) ① 화장품제조업자는 원자재 공급자에 대한 관리감독을 적절히 수행하여 입고관리가 철저히 이루어지도록 하여야 한다.

② 원자재의 입고 시 구매 요구서, 원자재 공급업체 성적서 및 현품이 서로 일치하여야 한다. 필요한 경우 운송 관련 자료를 추가적으로 확인할 수 있다.

③ 원자재 용기에 제조번호가 없는 경우에는 관리번호를 부여하여 보관하여야 한다.

④ 원자재 입고절차 중 육안확인 시 물품에 결함이 있을 경우 입고를 보류하고 격리보관 및 폐기하거나 원자재 공급업자에게 반송하여야 한다.

⑤ 입고된 원자재는 "적합", "부적합", "검사 중" 등으로 상태를 표시하여야 한다. 다만, 동일 수준의 보증이 가능한 다른 시스템이 있다면 대체할 수 있다.

⑥ 원자재 용기 및 시험기록서의 필수적인 기재 사항은 다음 각 호와 같다.

1. 원자재 공급자가 정한 제품명

2. 원자재 공급자명
3. 수령일자
4. 공급자가 부여한 제조번호 또는 관리번호

제12조(출고관리) 원자재는 시험결과 적합판정된 것만을 선입선출방식으로 출고해야 하고 이를 확인할 수 있는 체계가 확립되어 있어야 한다.

제13조(보관관리) ① 원자재, 반제품 및 벌크 제품은 품질에 나쁜 영향을 미치지 아니하는 조건에서 보관하여야 하며 보관기한을 설정하여야 한다.

② 원자재, 반제품 및 벌크 제품은 바닥과 벽에 닿지 아니하도록 보관하고, 선입선출에 의하여 출고할 수 있도록 보관하여야 한다.

③ 원자재, 시험 중인 제품 및 부적합품은 각각 구획된 장소에서 보관하여야 한다. 다만, 서로 혼동을 일으킬 우려가 없는 시스템에 의하여 보관되는 경우에는 그러하지 아니한다.

④ 설정된 보관기한이 지나면 사용의 적절성을 결정하기 위해 재평가시스템을 확립하여야 하며, 동 시스템을 통해 보관기한이 경과한 경우 사용하지 않도록 규정하여야 한다.

제14조(물의 품질) ① 물의 품질 적합기준은 사용 목적에 맞게 규정하여야 한다.

② 물의 품질은 정기적으로 검사해야 하고 필요시 미생물학적 검사를 실시하여야 한다.

③ 물 공급 설비는 다음 각 호의 기준을 충족해야 한다.

1. 물의 정체와 오염을 피할 수 있도록 설치될 것
2. 물의 품질에 영향이 없을 것
3. 살균처리가 가능할 것

대부분의 화장품에는 물이 사용되므로 특별히 물의 품질관리를 강조하고 있다.

제15조(기준서 등) ① 제조 및 품질관리의 적합성을 보장하는 기본 요건들을 충족하고 있음을 보증하기 위하여 다음 각 항에 따른 **제품표준서, 제조관리기준서, 품질관리기준서 및 제조위생관리기준서**를 작성하고 보관하여야 한다.

② 제품표준서는 품목별로 다음 각 호의 사항이 포함되어야 한다.

1. 제품명
2. 작성연월일
3. 효능·효과(기능성화장품의 경우) 및 사용상의 주의사항
4. 원료명, 분량 및 제조단위당 기준량
5. 공정별 상세 작업내용 및 제조공정흐름도
6. 공정별 이론 생산량 및 수율관리기준
7. 작업 중 주의사항
8. 원자재·반제품·완제품의 기준 및 시험방법
9. 제조 및 품질관리에 필요한 시설 및 기기
10. 보관조건
11. 사용기한 또는 개봉 후 사용기간
12. 변경이력
13. 다음 사항이 포함된 제조지시서
    가. 제품표준서의 번호
    나. 제품명
    다. 제조번호, 제조연월일 또는 사용기한(또는 개봉 후 사용기간)
    라. 제조단위
    마. 사용된 원료명, 분량, 시험번호 및 제조단위당 실 사용량
    바. 제조 설비명
    사. 공정별 상세 작업내용 및 주의사항
    아. 제조지시자 및 지시연월일
14. 그 밖에 필요한 사항

③ 제조관리기준서는 다음 각 호의 사항이 포함되어야 한다.

1. 제조공정관리에 관한 사항
    가. 작업소의 출입제한
    나. 공정검사의 방법
    다. 사용하려는 원자재의 적합판정 여부를 확인하는 방법
    라. 재작업방법
2. 시설 및 기구 관리에 관한 사항
    가. 시설 및 주요설비의 정기적인 점검방법

나. 작업 중인 시설 및 기기의 표시방법

다. 장비의 교정 및 성능점검 방법

3. 원자재 관리에 관한 사항

가. 입고 시 품명, 규격, 수량 및 포장의 훼손 여부에 대한 확인방법과 훼손되었을 경우 그 처리방법

나. 보관장소 및 보관방법

다. 시험결과 부적합품에 대한 처리방법

라. 취급 시의 혼동 및 오염 방지대책

마. 출고 시 선입선출 및 칭량된 용기의 표시사항

바. 재고관리

4. 완제품 관리에 관한 사항

가. 입·출하 시 승인판정의 확인방법

나. 보관장소 및 보관방법

다. 출하 시의 선입선출방법

5. 위탁제조에 관한 사항

가. 원자재의 공급, 반제품, 벌크제품 또는 완제품의 운송 및 보관 방법

나. 수탁자 제조기록의 평가방법

④ 품질관리기준서는 다음 각 호의 사항이 포함되어야 한다.

1. 다음 사항이 포함된 시험지시서

가. 제품명, 제조번호 또는 관리번호, 제조연월일

나. 시험지시번호, 지시자 및 지시연월일

다. 시험항목 및 시험기준

2. 시험검체 채취방법 및 채취 시의 주의사항과 채취 시의 오염방지대책

3. 시험시설 및 시험기구의 점검(장비의 교정 및 성능점검 방법)

4. 안정성시험

5. 완제품 등 보관용 검체의 관리

6. 표준품 및 시약의 관리

7. 위탁시험 또는 위탁제조하는 경우 검체의 송부방법 및 시험결과의 판정방법

8. 그 밖에 필요한 사항

⑤ 제조위생관리기준서는 다음 각 호의 사항이 포함되어야 한다.

1. 작업원의 건강관리 및 건강상태의 파악·조치방법

2. 작업원의 수세, 소독방법 등 위생에 관한 사항

3. 작업복장의 규격, 세탁방법 및 착용규정

4. 작업실 등의 청소(필요한 경우 소독을 포함한다. 이하 같다) 방법 및 청소주기

5. 청소상태의 평가방법

6. 제조시설의 세척 및 평가
   가. 책임자 지정
   나. 세척 및 소독 계획
   다. 세척방법과 세척에 사용되는 약품 및 기구
   라. 제조시설의 분해 및 조립 방법
   마. 이전 작업 표시 제거방법
   바. 청소상태 유지방법
   사. 작업 전 청소상태 확인방법
7. 곤충, 해충이나 쥐를 막는 방법 및 점검주기
8. 그 밖에 필요한 사항

화장품은 의약품 제조와 마찬가지로 4대 기준서인 제품표준서, 제조관리기준서, 품질관리기준서 및 제조위생관리기준서의 작성을 의무화하고 있다.

제19조(보관 및 출고) ① 완제품은 적절한 조건하의 정해진 장소에서 보관하여야 하며, 주기적으로 재고 점검을 수행해야 한다.

② 완제품은 시험결과 적합으로 판정되고 품질보증부서 책임자가 출고 승인한 것만을 출고하여야 한다.

③ 출고는 선입선출방식으로 하되, 타당한 사유가 있는 경우에는 그러지 아니할 수 있다.

④ 출고할 제품은 원자재, 부적합품 및 반품된 제품과 구획된 장소에서 보관하여야 한다. 다만 서로 혼동을 일으킬 우려가 없는 시스템에 의하여 보관되는 경우에는 그러하지 아니할 수 있다.

제26조(제품회수) ① 화장품제조업자는 제조한 화장품에서 「화장품법」 제9조, 제15조, 또는 제16조제1항을 위반하여 위해 우려가 있다는 사실을 알게 되면 지체 없이 회수에 필요한 조치를 하여야 한다.

② 다음 사항을 이행하는 회수 책임자를 두어야 한다.
1. 전체 회수과정에 대한 화장품책임판매업자와의 조정역할
2. 결함 제품의 회수 및 관련 기록 보존
3. 소비자 안전에 영향을 주는 회수의 경우 회수가 원활히 진행될 수 있도록 필요한 조치 수행

4. 회수된 제품은 확인 후 제조소 내 격리보관 조치(필요시에 한함)
5. 회수과정의 주기적인 평가(필요시에 한함)

화장품의 품질에 문제가 발생한 경우에는 즉각적으로 제품을 회수하여야 한다.

11.5 천연화장품 및 유기농화장품의 기준에 관한 규정

제2조(용어의 정의) 이 고시에서 사용하는 용어의 정의는 다음과 같다.

1. "유기농 원료"란 다음 각 목의 어느 하나에 해당하는 화장품 원료를 말한다.
   가. 「친환경농어업 육성 및 유기식품 등의 관리 · 지원에 관한 법률」에 따른 유기농수산물 또는 이를 이 고시에서 허용하는 물리적 공정에 따라 가공한 것
   나. 외국 정부(미국, 유럽연합, 일본 등)에서 정한 기준에 따른 인증기관으로부터 유기농수산물로 인정받거나 이를 이 고시에서 허용하는 물리적 공정에 따라 가공한 것
   다. 국제유기농업운동연맹(IFOAM)에 등록된 인증기관으로부터 유기농 원료로 인증받거나 이를 이 고시에서 허용하는 물리적 공정에 따라 가공한 것
2. "식물 원료"란 식물(해조류와 같은 해양식물, 버섯과 같은 균사체를 포함한다) 그 자체로서 가공하지 않거나, 이 식물을 가지고 이 고시에서 허용하는 물리적 공정에 따라 가공한 화장품 원료를 말한다.
3. "동물에서 생산된 원료(동물성 원료)"란 동물 그 자체(세포, 조직, 장기)는 제외하고, 동물로부터 자연적으로 생산되는 것으로서 가공하지 않거나, 이 동물로부터 자연적으로 생산되는 것을 가지고 이 고시에서 허용하는 물리적 공정에 따라 가공한 계란, 우유, 우유단백질 등의 화장품 원료를 말한다.
4. "미네랄 원료"란 지질학적 작용에 의해 자연적으로 생성된 물질을 가지고 이 고시에서 허용하는 물리적 공정에 따라 가공한 화장품 원료를 말한다. 다만, 화석연료로부터 기원한 물질은 제외한다.
5. "유기농유래 원료"란 유기농 원료를 이 고시에서 허용하는 화학적 또는 생물학적 공정에 따라 가공한 원료를 말한다.
6. "식물유래, 동물성유래 원료"란 제2호 또는 제3호의 원료를 가지고 이 고시에서 허용하는 화학적 공정 또는 생물학적 공정에 따라 가공한 원료를 말한다.
7. "미네랄유래 원료"란 제4호의 원료를 가지고 이 고시에서 허용하는 화학적 공

정 또는 생물학적 공정에 따라 가공한 별표 1의 원료를 말한다.

8. "천연 원료"란 제1호부터 제4호까지의 원료를 말한다.
9. "천연유래 원료"란 제5호부터 제7호까지의 원료를 말한다.

제3조(사용할 수 있는 원료) ① 천연화장품 및 유기농화장품의 제조에 사용할 수 있는 원료는 다음 각 호와 같다. 다만, 제조에 사용하는 원료는 별표 2의 오염물질에 의해 오염되어서는 아니 된다.

1. 천연 원료
2. 천연유래 원료
3. 물
4. 기타 별표 3 및 별표 4에서 정하는 원료

② 합성원료는 천연화장품 및 유기농화장품의 제조에 사용할 수 없다. 다만, 천연화장품 또는 유기농화장품의 품질 또는 안전을 위해 필요하나 따로 자연에서 대체하기 곤란한 제1항 제4호의 원료는 5% 이내에서 사용할 수 있다. 이 경우에도 석유화학 부분(petrochemical moiety의 합)은 2%를 초과할 수 없다.

제4조(제조공정) ① 원료의 제조공정은 간단하고 오염을 일으키지 않으며, 원료 고유의 품질이 유지될 수 있어야 한다. 허용되는 공정 또는 금지되는 공정은 별표 5와 같다.

② 천연화장품 및 유기농화장품의 제조에 대해 금지되는 공정은 다음 각 호와 같다.

1. 별표 5의 금지되는 공정
2. 유전자 변형 원료 배합
3. 니트로스아민류 배합 및 생성
4. 일면 또는 다면의 외형 또는 내부구조를 가지도록 의도적으로 만들어진 불용성이거나 생체지속성인 1~100나노미터 크기의 물질 배합
5. 공기, 산소, 질소, 이산화탄소, 아르곤 가스 외의 분사제 사용

제5조(작업장 및 제조설비) ① 천연화장품 또는 유기농화장품을 제조하는 작업장 및 제조설비는 교차오염이 발생하지 않도록 충분히 청소 및 세척되어야 한다.

② 작업장과 제조설비의 세척제는 별표 6에 적합하여야 한다.

제6조(포장) 천연화장품 및 유기농화장품의 용기와 포장에 폴리염화비닐(Polyvinyl chloride (PVC)), 폴리스티렌폼(Polystyrene foam)을 사용할 수 없다.

제7조(보관) ① 유기농화장품을 제조하기 위한 유기농 원료는 다른 원료와 명확히 표시 및 구분하여 보관하여야 한다.

② 표시 및 포장 전 상태의 유기농화장품은 다른 화장품과 구분하여 보관하여야 한다.

제8조(원료조성) ① 천연화장품은 별표 7에 따라 계산했을 때 중량 기준으로 천연 함량이 전체 제품에서 95% 이상으로 구성되어야 한다.

② 유기농화장품은 별표 7에 따라 계산하였을 때 중량 기준으로 유기농 함량이 전체 제품에서 10% 이상이어야 하며, 유기농 함량을 포함한 천연 함량이 전체 제품에서 95% 이상으로 구성되어야 한다.

③ 천연 및 유기농 함량의 계산 방법은 별표 7과 같다.

별표 1~7은 첨부된 부록 1을 참조하길 바란다.

11.6 맞춤형화장품 관련 고시

맞춤형화장품조제관리사 자격시험 운영에 관한 규정[식품의약품안전처 고시 제2020-11호(2020. 2. 20. 제정), 식품의약품안전처 고시 제2020-78호(2020. 9. 1. 전부개정)]은 다음과 같다.

제1조(목적) 이 고시는 「화장품법」 제3조의4 및 같은 법 시행규칙 제8조의4, 제8조의6에 따라 맞춤형화장품조제관리사 자격시험 운영기관을 지정하고, 맞춤형화장품조제관리사 자격시험의 실시 방법 및 절차에 필요한 세부사항을 정하는 것을 목적으로 한다.

제2조(운영기관 지정 등) ① 「화장품법」 제3조의4제3항에 따른 맞춤형화장품조제관리사 자격시험 운영기관(이하, "운영기관"이라 한다)은 별표와 같다.

② 운영기관은 「화장품법」 제3조의4제1항에 따른 맞춤형화장품조제관리사 자격시험(이하, "자격시험"이라 한다)과 관련하여 다음 각 호의 업무를 수행한다.

1. 시험 위원 위촉 및 운영에 관한 사항
2. 시험본부 설치 및 자격시험 시행계획 수립 및 공고
3. 원서접수, 문제출제 · 채점 등에 관한 사항
4. 합격자 결정 및 공고에 관한 사항
5. 부정행위 기준 및 행위자 처리에 관한 사항
6. 자격정보 관리에 관한 사항
7. 수당 등의 지급에 관한 사항
8. 자격증 발급 지원 등 기타 자격시험 운영에 관한 사항

③ 운영기관의 장은 제2항 각 호에 따른 업무의 수행을 위해 필요한 세부 운영 규정을 작성하여 식품의약품안전처장으로부터 승인을 받아야 한다. 승인받은 사항을 변경하는 경우에도 또한 같다.

제3조(시행계획 작성 및 공고) ① 운영기관의 장은 「화장품법 시행규칙」 제8조의4제2항에 따른 자격시험 시행계획을 수립하여 시험 실시 90일 전까지 맞춤형화장품조제관리사 자격시험 홈페이지에 공고하여야 한다. 다만, 재난 등 불가피한 상황으로 시행계획을 공고하기 어려운 경우에는 식품의약품안전처장의 승인을 받아 그 사유를 먼저 공개하고 해당 사유가 소멸되는 즉시 시행계획을 공고하여야 한다.

② 운영기관의 장은 제1항에 따른 시행계획을 자격시험 공고 5일 전까지 식품의약품안전처장에게 제출하고 승인을 받아야 한다.

제4조(부정행위) ① 「화장품법 시행규칙」 제8조의4제5항에서 정한 자격시험 부정행위에 대한 기준은 다음 각 호와 같다.

1. 응시원서를 허위로 기재하거나 허위 서류를 제출하여 시험에 응시하는 행위
2. 응시자를 대신하여 시험을 치르거나 제3자로 하여금 대리시험을 치르게 하는 행위
3. 시험 도중 문제지 이외의 인쇄물을 열람하는 행위
4. 시험 도중 다른 응시자의 답안지를 보거나 시험을 방해하는 행위

5. 시험 종료 후 문제지 또는 답안지를 제출하지 않거나 훼손하는 행위
6. 그 밖에 불필요한 물품의 휴대 등 시험결과에 영향을 끼칠 수 있는 행위 또는 시험문항을 유출하는 행위 등 운영기관의 장이 정한 부정행위

② 운영기관의 장은 제6조제1항에 따른 합격자 공고 이후에 제1항에 따른 부정행위가 적발된 자에 대하여 그 자격을 취소할 수 있다.

제5조(시험 위원의 위촉) ① 「화장품법 시행규칙」 제8조의4제6항에 따른 시험 위원의 위촉기준은 다음 각 호와 같다.

1. 해당 분야의 박사학위가 있는 자
2. 대학(교)에서 해당 분야의 조교수 이상으로 재직한 자
3. 대학(교)에서 해당 분야에 2년 이상 강의한 경력이 있는 자
4. 해당 분야에서 10년 이상 실무에 종사한 자 또는 이와 동등한 자격이 있는 자로서 학식과 경험이 풍부하여 자격이 있다고 운영기관의 장이 인정한 자

② 운영기관의 장은 제1항에 따라 시험 위원을 위촉하거나 위촉한 사항을 변경하려는 경우 시험 위원의 성명, 소속, 전문 분야 등에 대한 정보를 식품의약품안전처장에게 보고하여야 한다.

제6조(합격자 공고 등) ① 운영기관의 장은 시험일로부터 30일 이내에 합격자 수험번호를 맞춤형화장품조제관리사 자격시험 홈페이지에 공고하여야 한다.

② 운영기관의 장은 제1항에 따라 합격자를 공고하기 전까지 합격자의 성명, 성별, 생년월일, 수험번호 및 합격연월일이 포함된 정보를 식품의약품안전처장에게 보고하여야 한다.

제7조(자격증 발급) 식품의약품안전처장은 운영기관의 장으로 하여금 「화장품법 시행규칙」 제8조의5에 따른 자격증의 발급 신청서 접수 및 자격증 발송 등의 업무를 지원하게 할 수 있다.

제8조(자격정보 관리) 운영기관의 장은 제4조제2항에 따라 자격이 취소된 자 및 제6조제1항에 따라 자격시험을 합격한 자의 다음 각 호에 해당하는 정보를 적은 문서를 보

존 및 관리하여야 한다.

1. 성명, 성별 및 생년월일
2. 수험번호
3. 합격연월일(제4조제2항에 따라 자격이 취소된 자의 경우 취소사실과 그 사유를 포함한다)

제9조(비밀 유지의 의무) ① 이 규정에 따라 자격시험의 시행에 관여한 자는 직무상 알게 된 비밀을 누설하여서는 아니 된다.

② 운영기관의 장은 제1항에 해당하는 자에 대하여 서약서를 받는 등 자격시험의 보안을 유지하기 위하여 필요한 조치를 취하여야 한다.

제10조(재검토기한) 「훈령 · 예규 등의 발령 및 관리에 관한 규정」에 따라 2021년 1월 1일을 기준으로 매 3년이 되는 시점(매 3년째의 12월 31일까지를 말한다)마다 그 타당성을 검토하여 개선 등의 조치를 하여야 한다.

[별표]

맞춤형화장품조제관리사 자격시험 운영기관(제2조 관련)

1. 한국생산성본부

부칙〈제2020-11호, 2020. 2. 20.〉

이 고시는 고시한 날부터 시행한다.

부칙〈제2020-78호, 2020. 9. 1.〉

제1조(시행일) 이 고시는 고시한 날부터 시행한다.

제2조(적용례) 이 고시는 고시 시행 후 실시하는 맞춤형화장품조제관리사 자격시험부터 적용한다.

제3조(경과조치) 이 고시 시행 전에 실시한 맞춤형화장품조제관리사 자격시험은 이 고시에 따라 시행된 것으로 본다.

맞춤형화장품판매업자의 준수사항에 관한 규정[식품의약품안전처 고시 제2020-106호(2020. 10. 29. 제정)]은 다음과 같다.

제1조(목적) 이 고시는 「화장품법 시행규칙」 제12조의2제2호에 따라 맞춤형화장품 혼합 · 소분의 안전을 위해 맞춤형화장품판매업자가 준수해야 하는 사항을 규정함을 목적으로 한다.

제2조(혼합 · 소분 안전관리기준) 「화장품법 시행규칙」 제12조의2제2호마목에 따른 "혼합 · 소분의 안전을 위해 식품의약품안전처장이 정하여 고시하는 사항"이란 다음 각 호와 같다.

1. 맞춤형화장품판매업자는 맞춤형화장품 조제에 사용하는 내용물 또는 원료의 혼합 · 소분의 범위에 대해 사전에 검토하여 최종 제품의 품질 및 안전성을 확보할 것. 다만, 화장품책임판매업자가 혼합 또는 소분의 범위를 미리 정하고 있는 경우에는 그 범위 내에서 혼합 또는 소분할 것
2. 혼합 · 소분에 사용되는 내용물 또는 원료가 「화장품법」 제8조의 화장품 안전기준 등에 적합한 것인지 여부를 확인하고 사용할 것
3. 혼합 · 소분 전에 내용물 또는 원료의 사용기한 또는 개봉 후 사용기간을 확인하고, 사용기한 또는 개봉 후 사용기간이 지난 것은 사용하지 말 것
4. 혼합 · 소분에 사용되는 내용물 또는 원료의 사용기한 또는 개봉 후 사용기간을 초과하여 맞춤형화장품의 사용기한 또는 개봉 후 사용기간을 정하지 말 것. 다만 과학적 근거를 통하여 맞춤형화장품의 안정성이 확보되는 사용기한 또는 개봉 후 사용기간을 설정한 경우에는 예외로 한다.
5. 맞춤형화장품 조제에 사용하고 남은 내용물 또는 원료는 밀폐가 되는 용기에 담는 등 비의도적인 오염을 방지할 것
6. 소비자의 피부 유형이나 선호도 등을 확인하지 아니하고 맞춤형화장품을 미리 혼합 · 소분하여 보관하지 말 것

제3조(규제의 재검토) 식품의약품안전처장은 「훈령 · 예규 등의 발령 및 관리에 관한 규정」에 따라 이 고시에 대하여 2021년 1월 1일 기준으로 매 3년이 되는 시점(매 3년째의 12월 31일까지를 말한다)마다 그 타당성을 검토하여 개선 등의 조치를 하여야 한다.

부칙
이 고시는 고시한 날부터 시행한다.

11.7 화장품 관련 가이드라인

화장품 관련 식품의약품안전처의 주요 가이드라인 항목들은 다음과 같다.

표 11.2 화장품 관련 식품의약품안전처 주요 가이드라인

가이드라인	주요 내용
화장품의 미생물한도 시험법	화장품의 미생물한도 시험방법
기능성화장품의 유효성평가를 위한 가이드라인 1	미백 기능성화장품의 시험방법
기능성화장품의 유효성평가를 위한 가이드라인 2	주름개선 기능성화장품의 시험방법
생체외 피부흡수시험	화장품의 생체외(in vitro) 시험방법
화장품 독성시험 동물대체 시험법 1–10	화장품 독성시험(동물시험)을 대체하는 동물대체 시험방법
화장품 위해평가	화장품의 위해평가 절차, 시험방법
화장품 안정성시험	화장품의 유효기간, 보관조건 설정
화장품중 배합금지성분 분석법	부정 · 불량 화장품의 제조 · 판매 방지
영유아 또는 어린이 사용 화장품 안전성 자료	영유아 또는 어린이 사용 화장품의 안전관리 강화
여드름성 피부를 완화하는 데 도움을 주는 화장품의 인체적용시험	여드름성 피부를 완화하는 데 도움을 주는 화장품의 인체 적용시험
탈모 증상을 완화하는 데 도움을 주는 화장품의 인체적용시험	탈모 증상 완화에 도움을 주는 화장품의 인체적용시험
화장품 표시 · 광고 실증을 위한 시험방법	화장품 표시 · 광고 실증을 위한 시험방법

연습문제

1 화장품의 기재사항에는 어떤 것들이 있는가?

2 화장품의 4대 기준서에 대해 설명하시오.

3 화장품의 고시에는 어떤 종류들이 있는가?

4 화장품 관련 가이드라인에는 어떤 종류가 있는가?

사례 노트

GxP의 종류

GxP는 우수 품질관리의 약자를 의미하며, x의 종류는 의약품, 임상시험, 식품 등을 포함하여 제조업 전반의 매우 광범위한 분야가 포함되어 있다. 이 중 중요 분야를 소개하면 다음과 같다.

Good agricultural practice, or GAP
Good auditing practice, or GAP
Good automated manufacturing practice, or GAMP
Good business practice, or GBP
Good clinical data management practice, or GCDMP
Good clinical laboratory practice, or GCLP
Good clinical practice, or GCP 임상시험
Good distribution practice, or GDP
Good engineering practice, or GEP
Good financial practice, or GFP
Good hygiene practice, or GHP
Good laboratory practice, or GLP 비임상시험
Good management practice, or GMP
Good manufacturing practice, or GMP 의약품생산, 화장품생산
Good microbiological practice, or GMiP
Good pharmacovigilance practice, or GPvP or even GVP
Good pharmacy practice, or GPP
Good recruitment practice, or GRP
Good research practice, or GRP
Good safety practice, or GSP
Good storage practice, or GSP

12장

화장품 제조

12.1 화장품 처방전

화장품에는 친수성, 친유성 등 화학구조가 서로 다른 성분 수십 가지가 첨가되기 때문에 단순히 모든 성분을 섞고 적당히 교반해서는 좋은 화장품이 제조되지 않는다. 이는 비빔밥을 만들 때 적절한 나물과 밥, 양념을 적당히 섞고 그냥 비비면 맛있는 음식이 만들어질 거라는 믿음과 유사하다. 누구나 쉽게 맛있는 비빔밥을 만들 수 있다면 소위 말하는 맛집은 생기지도 않았을 것이다. 또한 레시피(recipe)가 있다고 누구나 항시 맛있는 요리를 만드는 것은 아니다.

마찬가지로 화장품에서도 각 첨가 성분의 화학명과 그 조성비를 적은 문서를 처방전(recipe)이라고 하는데, 이는 각 화장품 회사의 일급비밀이다. 상업적으로 판매되는 화장품은 최소 20가지 이상의 성분을 혼합하는 경우가 대부분이다. 화장품의 원료는 국제 화장품 원료집(ICID)에 있는 소재를 사용할 수 있으며, 회사에서 자체 개발하거나 타연구기관에서 판매하는 수십만 종의 천연물 소재를 이용할 수 있다. 화장품에는 천연물 중에서 특히 식물성 소재를 자주 이용하는데 이들은 국가별, 계절별로 유용 성분의 농도가 다를 수 있다. 그리고 천연 성분을 사용할 때에도 발효 등의 숙성기법을 활용하여 독성을 낮추는 방법도 존재한다.

그리고 다음으로는 각 화장품 소재의 배합비를 결정해야 한다. 만약 회사의 경험과 노하우를 이용하여 20종의 소재를 선택하였다 하더라도 가장 좋은 화장품 제조

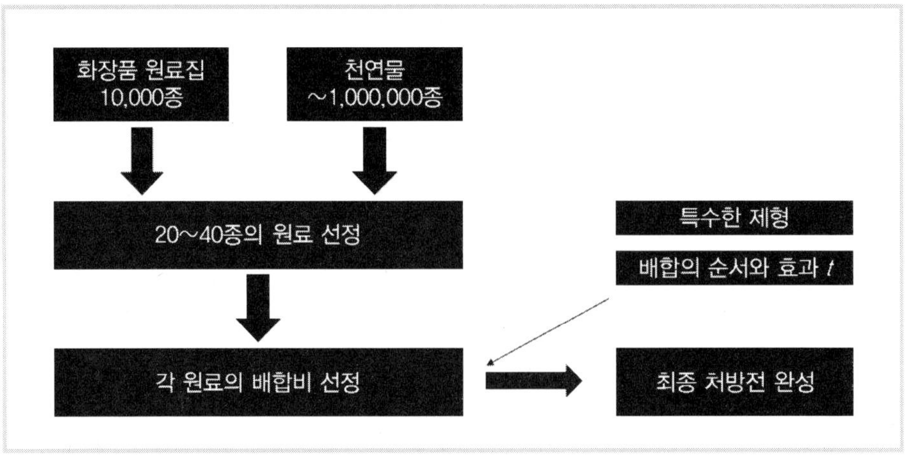

그림 12.1 화장품 처방전 완성 과정

를 위한 배합비를 결정하기 위해서는 화장품 배합 실험을 통한 수많은 시행착오가 필요하다. 예를 들어 각 배합비를 2개 농도만으로 한정하였다고 해도 그 경우의 수는 2^{20} = 1,048,576이다. 즉, 1백만 가지의 경우의 수가 존재한다. 많은 화장품은 20종 이상의 성분들이 배합되므로 모든 경우의 수를 이용하여 화장품의 유효성 및 안정성시험을 실시하는 것은 거의 불가능하다. 따라서 이것이 시장에 수많은 화장품이 존재하는 이유이며, 저마다 자사제품이 최고라고 주장하는 근거가 된다. 또한 전성분표시제에 의해 화장품에 배합되는 성분명이 표시되더라도 타사에서 그 제품을 모방하기 매우 어려운 것도 이 때문이다. 전형적인 화장품 처방전이 완성 과정이 그림 12.1에 나타나있다.

12.2 기초화장품 제조 및 처방전

기초화장품 제조 시 기본사항은 다음과 같다. 수상원료들은 정제수의 온도를 약 70℃로 올린 후 수상 성분들을 교반하면서 서서히 가한다. 그리고 유상 원료들 역시 약 70℃ 정도로 온도를 올린 식물성 오일 베이스에 각 유상 성분들을 서서히 혼합시킨다. 이후 액이나 로션의 제조에는 수상 원료의 혼합물에다 유상 원료의 혼합물을 잘 섞고 고속교반기나 호모지나이저로 약 5분 이상 교반한다. 크림의 경우에는 유상 원료의 혼합물에 수상 원료들을 가하고 역시 고속교반기로 혼합한다.

화장품은 수십 종의 화합물이 첨가되므로 직접 혼합해 보지 않고는 균질하게 섞이는지, 색상이 잘 혼합되는지, 점도가 적절한지, 에멀션이 잘 유지되는지, 사용감이 부드러울지 등을 예측하기 어렵다. 일반적인 화학공업에서 3성 분계만 하여도 상변화에 대한 다이어그램을 예측하기가 쉽지 않은데 대부분의 화장품에는 액상 성분만 하더라도 수십 종이 섞이므로 수십 상계가 만들어져서 에멀션, 상분리 등을 이론적으로만 분석하기에는 상당한 문제가 있다. 따라서 화장품의 최종제형은 경험과 노하우에 따라 완성되며 각 화장품 회사의 일급비밀이다. 설사 피부에 좋은 화장품 원료가 개발되었다 하더라도 다른 화장품 성분과 잘 혼합되지 않거나 안정성에 문제가 발생하면 화장품에 배합하기가 어렵다.

화장품 제조를 위해 기본적으로 필요한 장비는 다음과 같다. 가열 핫플레이트

(hot plate)는 각 화장품 성분을 혼합한 비커에 열을 가하면서 혼합할 수 있는 장치여서 화장품 제조 시 꼭 필요한 설비이다. 다음으로 고속교반기나 호모지나이저(homogenizer)가 필요하다. 화장품을 일반 화학 성분 교반처럼 저속 혼합하여서는 입자가 작은 화장품을 균질하게 제조할 수 없다. 반드시 고속교반을 하여야만 작은 입자를 가진 균질한 화장품을 제조할 수 있다. 그림 12.2에 나타난 것처럼 고속교반기와 호모지나이저는 혼합물을 고속교반하는 임펠러(impeller)의 구조가 서로 다르다.

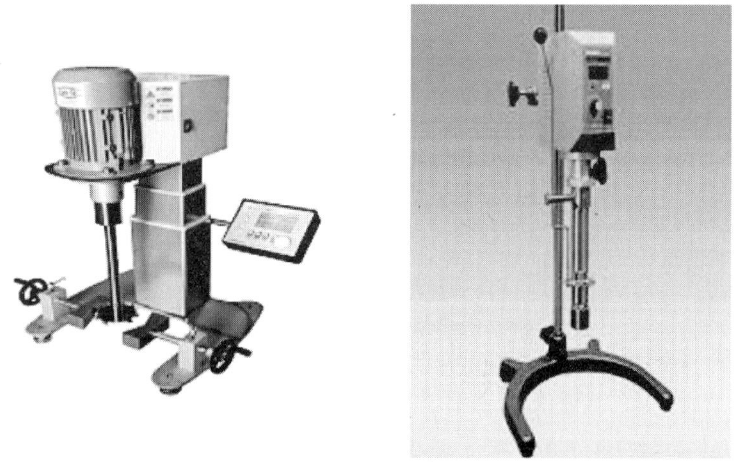

그림 12.2 고속교반기와 호모지나이저

다음으로 기초화장품의 처방전 예시들을 소개하고자 한다. 이들 처방전은 상업적 목적의 화장품 제형은 아니며 대학 등에서 간단한 소재를 이용하여 직접 화장품을 만들 수 있도록 설계되었다.

1) 크림제 처방전

수상층의 경우 정제수, 프로폴리스 추출물, 캐모마일 추출물, 카렌듈라 추출물, 병풀 추출물을 사용하였으며 유상층은 해바라기 오일과 호호바오일을 혼합하여 이용하였다.

제조방법은 다음과 같다.

① 유상층에 계면활성제를 혼합하여 70℃에서 15분간 혼합한다.
② 수상층 추출물을 혼합하여 70℃에서 15분간 가열한다.
③ 가열된 수상층에 유상층을 가하면서 15분간 70℃에서 교반한다.
④ 실온에서 첨가물을 넣으며 교반한다.
⑤ 보존제와 향료를 넣은 후 고속교반을 10분간 진행한다.

크림제 처방전		
역할	성분	비율 (%)
향료	라벤더 에센셜 오일	0.1
보존제	1,2-헥산디올	0.5
	Na-EDTA	1
	비타민 E	2.4
수상층	히알루론산	3.78
	카렌듈라 추출물	3.78
	캐모마일 추출물	3.78
	프로폴리스 추출물	3.78
	정제수	60.48
	병풀 추출물	5
첨가물	히알루론산	
계면활성제	세테아릴알콜	1
	스테아릴알콜	1
	Polyglyceryl-3 Methylglucose Distearate	4
	세틸알콜	1
유상층	해바라기 오일	6.72
	호호바 오일	1.68
합계		100

2) 로션제의 처방전

수상층의 경우 정제수, 병풀 추출물을 사용하였으며 유상층은 호호바 오일, 바오밥 오일, 올리브 오일과 시어버터를 혼합하여 사용하였다.

제조방법은 다음과 같다.

로션제 처방전		
역할	성분	비율 (%)
향료	티트리 에센셜 오일	0.1
보존제	나프리	1
수상층	정제수	57
	병풀 추출물	10
첨가물	세라마이드	3
	히아루론산	2.5
	알란토인	0.4
계면활성제	올리브유화왁스	2.8
	글리세릴모노스테아레이트	2.2
유상층	호호바 오일	10
	바오밥 오일	5
	올리브 오일	3
	시어버터	3
합계		100

① 유상층에 계면활성제를 혼합하여 70℃에서 15분간 혼합한다.
② 수상층을 혼합하여 70℃에 15분간 가열한다.
③ 가열된 수상층에 유상층을 넣어서 15분간 70℃에서 교반한다.
④ 실온에서 첨가물을 넣으며 교반한다.
⑤ 보존제와 향료를 넣은 후 고속교반을 10분간 진행한다.

3) 겔(gel) 제형 화장품

겔 화장품 처방전		
역할	성분	비율(%)
수상	정제수	81
	히알루론산	2
유상	피마자유	8
겔	알로에베라겔	8

겔 화장품 처방전		
역할	성분	비율(%)
첨가물	티타늄디옥사이드	1
향료	일랑일랑	1~2 방울
합계		100

제조방법은 다음과 같다.

① 정제수를 70℃까지 가열한 후 오일과 히알루론산을 첨가한다.

② 겔을 다시 첨가하고 1분간 고속 교반한다.

③ 나머지 성분을 추가한 후 상온으로 식힌다.

4) BB 크림

수상층의 경우 로즈워터를 사용하였으며 유상층은 호호바 오일, 아보카도 오일, 시어버터, 사이클론메치콘을 혼합하여 사용하였다. 색소는 티타늄디옥사이드, 징크옥사이드, 컬러믹스 21호 또는 23호, 진주분말을 이용하였다.

BB 크림 처방전		
역할	성분	비율 (%)
향료	라벤더에센셜 오일	5~10방울
보존제	나프리	2
	비타민 E	1
수상층	로즈워터	60
첨가물 (색소)	티타늄디옥사이드	2
	징크옥사이드	1
	세라마이드	1
	컬러믹스 21호 또는 23호	10
	시너메이트	2
	진주분말	4
계면활성제	올리브유화왁스	4
	세틸알코올	1

BB 크림 처방전		
역할	성분	비율 (%)
유상층	호호바 오일	3
	아보카도 오일	5
	사이클로메치콘	2
	시어버터	2
합계		잘못된 계산식

제조방법은 다음과 같다.

① 유상층에 계면활성제를 혼합하여 70℃에서 15분간 혼합한다.

② 수상층을 혼합하여 70℃에 15분간 가열한다.

③ 가열된 수상층에 유상층을 넣어서 15분간 70℃에서 교반한다.

④ 실온에서 첨가물을 넣으며 교반한다.

⑤ 보존제와 향료를 넣은 후 고속교반을 10분간 진행한다.

5) 보름달물해파리 추출물을 포함한 팩제 제형

(지적 재산권 보호 등의 목적으로 정확한 비율은 비공개함)

보름달물해파리 추출물을 포함한 팩제 제형		
역할	성분	비율(%)
수상층	정제수	10~30
유화제	세틸알콜	0.5~5
	레시틴	0.5~5
보습제	글리세린	1~10
	히아루론산	0.5~5
	부틸렌글리콜	0.5~5
유상층	사이클로메치콘	1~10
	연꽃 오일	0.5~5
	헤이즐넛 오일	1~10
피막제	카보머	5~20
미백제	나이아신아마이드	0.5~5
항산화제	어성초 추출물	0.5~5

보름달물해파리 추출물을 포함한 팩제 제형		
역할	성분	비율(%)
보존제	자몽씨 추출물	1~10
향료	백합오일	0.5~5
보름달물해파리 추출물		0.5~5
합계		100

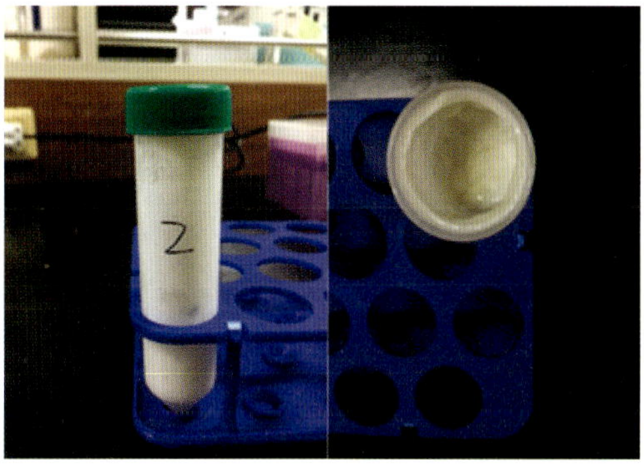

6) 항생제 연고제 제조

역할	성분	비율(%)
항생제	페니실린 G	0.6
유성성분(피부세포 증식)	바세린	12
유성성분	올리브 오일	60
	밀납	12
친수성 성분	프로필렌 글리콜	12
합계		100

제조방법은 다음과 같다.

① 바세린, 올리브 오일, 밀납을 혼합하고 70℃에서 10분간 교반한다.

② 항생제와 친수성성분를 추가한 후 호모지나이저를 이용하여 10분간 고속교반 한다.

12.3 색조화장품 제조 및 처방전

색조화장품은 향수와 함께 우리나라 화장품산업에서 상대적으로 약한 부분이다. 현재 한국화장품은 K-뷰티의 붐을 타고 동남아를 비롯한 전 세계에서 인기를 끌고 있다. 그러나 색조화장품은 상당히 큰 규모의 시장성에도 불구하고 한국화장품이 약점을 보인 부문이다. 본 교재의 저자도 항상 이 점이 궁금하였는데, 우리나라 굴지의 물감제조업체와의 공동연구를 수행하는 와중에 간접적으로 그 이유를 어렴풋이나마 알게 되었다.

우선 색깔의 창조 자체가 엄청난 경험과 예술적 감각을 요구하는 분야이기 때문에, 한국뿐만 아니라 세계적으로 이 분야의 전문 인력이 상당히 귀하다고 한다. 초등학교나 중학교 미술시간에 물감을 이용하여 다양한 색상을 만들어 낸 경험이 있을 것이다. 이때 색소의 배합비가 조금만 달라도 다른 색이 나온다. 예를 들면 붉은색을 구현하기 위해서는 빨간색만을 배합하는 것이 아니고 여러 가지 관련 색소들을 조합한다. 또한 붉은 색이라고 해도 그 관련 유사한 붉은색 계통의 색은 매우 다양하다. 따라서 색소를 이용하여 원하는 색상을 창조하는 것은 매우 어렵다.

두 번째 이유는 6.5절 「화장품의 색소」에서 공부한 것처럼 화장품용 색소의 화학구조가 매우 다양하기 때문이다. 유기합성색소(타르색소)는 대부분 복잡한 유기화학구조를 가진 반면, 무기색소는 무기물의 형태이다. 따라서 같은 유기색소라도 화학구조가 서로 완전히 다른 경우가 많다. 화장품에는 이러한 다양한 색소들이 용매, 수성 성분, 유기 성분뿐만 아니라 수많은 다른 화합물과 잘 혼합되어야 하기 때문에 단순히 몇 가지 색소를 물이나 오일만 가지고 실험하는 것과는 상황이 다르다. 이 역시 화학이론적 접근은 매우 어려울 것이므로 과거의 경험이나 전통적인 회사의 노하우에 의존할 수밖에 없는 이유이다. 많은 화합물의 경우 화학구조가 특수하면 용매도 그 물질에 맞춤형으로 선택되어야 하는 경우도 있다. 더구나 화장품에 사용하기 위해서는 안전성이 충분히 확보되어야 하기 때문에 용매나 새로운 색소의 선택에는 상당한 제한이 뒤따른다.

색조화장품 중 립스틱의 제조에는 제품을 굳혀서 성형해야 되므로 유상성분으로 칸다렐라 왁스, 파라핀, 밀랍 등의 왁스 성분의 비중이 높다. 당연한 이야기이지만 립스틱은 그 성분 중 일부를 입으로 삼킬 수 있기 때문에 제품의 안전성이 더욱 중요시 된다.

매니큐어는 손톱에 도포하여 멋진 색상을 구현하는 제품으로 현재 네일샵 등에서 널리 사용되는 제품이다. 매니큐어를 손톱에 도포하는 제품을 기준으로 설명하자면 색소와 유기용매, 피막형성제와 침전방지제, 그리고 기타 성분으로 이루어져 있다. 이 중 피막형성제로 자주 사용되는 니트로셀룰로오스, 용매로 사용되는 초산에틸, 초산부틸은 매우 심한 악취를 유발하는 유해물질이다. 매니큐어는 사용하기에는 산뜻하고 멋있지만 제조공정에 많은 환경오염 유발공정들을 포함하고 있다.

색조화장품의 처방전 예시들이 다음과 같이 소개되어 있다. 이들 처방전은 상업적 목적의 화장품 제형은 아니며 대학 등에서 간단한 소재를 이용하여 직접 화장품을 만들 수 있도록 설계되었다.

1) 천연 립밤

립밤 처방전		
역할	성분	비율 (%)
향료	플레이버 오일	5
보존제	비디민 E	8
색소	펄마이카	2
	립레이크	2
점증제	칸데릴라 왁스	3
유상층	피마자 오일	70
	스윗아몬드 오일	10
합계		100

제조방법은 다음과 같다.

① 피마자오일과 스윗아몬드 오일을 혼합하여 70℃에 가열한다.

② 가열된 오일에 립레이크, 칸데릴라 왁스를 부어서 70℃에 교반한다.

③ 교반 후 실온에서 펄마이카, 플레이버 오일과 비타민 E를 넣은 후 5분간 더 교반하고 립밤 틀에 부어준다.

2) 아로마테라피 립스틱

아로마테라피 립스틱의 처방전		
역할	성분	비율(%)
색소	레드 No7	2
	티타늄디옥사이드	7
오일/왁스	호호바오일	18
	카르나우바왁스	14
	비즈왁스	13
	시어버터	9
오일/왁스	피마자 오일	31
	디메치콘	4
첨가제	비타민 E	2
향료	일랑일랑	적당량
합계		100

제조방법은 다음과 같다.

① 오일과 왁스를 혼합하여 70℃로 가열하면서 완전 용해될 때까지 교반한다.

② 색소와 향료를 첨가한 후 교반하고 상온까지 식힌다.

③ 혼합물을 틀에 붓고 냉장보관한다.

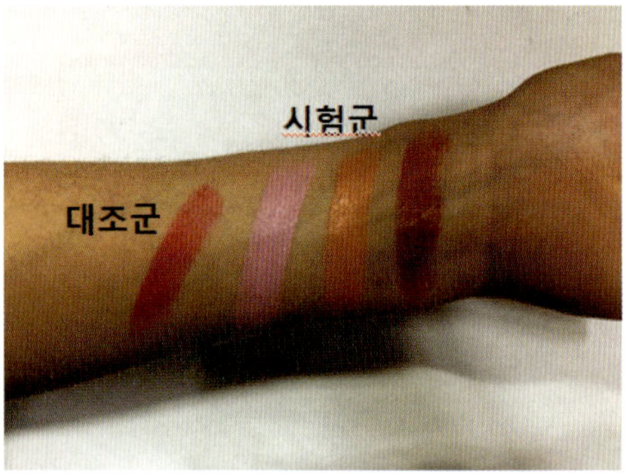

3) 매니큐어

매니큐어 처방전		
역할	성분	비율(%)
수상층	에탄올	87
피막형성제	에틸셀룰로스	4
첨가제	글리세린	2
색소	적색 201호	2
	적색 202호	2
	티타늄디옥사이드	1
합계		100

제조방법은 다음과 같다.

① 에탄올에 에틸셀룰로스를 넣고 약 10분간 가열 교반한다.

② 글리세린과 색소를 넣고 10분간 가열교반 한 후 유리용기에 담는다.

4) 키토산을 포함하는 천연매니큐어

키토산을 포함하는 천연매니큐어의 처방전		
역할	성분	비율(%)
수상층	초산(0.1 M)	89
유상층	피마자유	2
색소	레드옥사이드	2
	징크옥사이드	2
피막형성제	키토산	2
계면활성제	트윈 80	3
합계		100

제조방법은 다음과 같다.

① 아세트산 수용액을 60℃로 가열하고, 키토산을 첨가한 후 완전히 용해될 때까지 교반한다.

② 피마자유와 트윈 80을 넣고 고르게 분산시킨다.

③ 색소를 첨가하고 호모게나이저를 이용하여 고르게 분산시킨다.

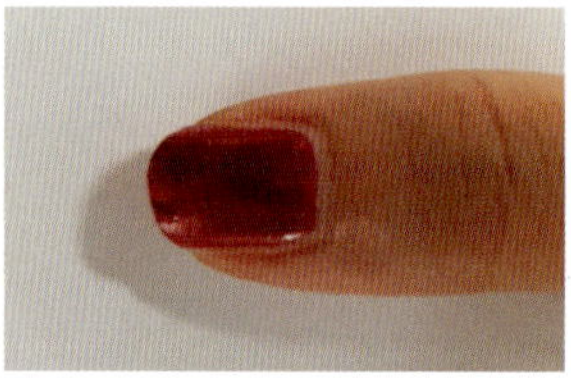

5) 향수 제조

향수 제조의 처방전		
역할	성분	비율(%)
향수베이스	알코올, 정제수, 유화제 등	95
각종 향료	일랑일랑, 로스, 샤프란 등	5
합계		100

제조방법은 다음과 같다.

① 향수 베이스에 각종 향료를 첨가한다.

② 완성된 혼합물을 약 4℃의 온도로 1주일 이상 냉장저장한다(저온 숙성).

사례 노트

화장품과 브랜드

화장품과 브랜드(Brand)는 매우 밀접한 관계가 있다. 브랜드란 어떤 상품이나 회사를 나타내는 상표, 표지로서 특히 기업의 무형자산으로 소비자와 시장에서 그 기업의 가치를 상징한다. 선진국 기업일수록 브랜드의 가치를 매우 중요시하며 이를 가꾸고 유지하는 데 모든 노력을 기울인다. 대표적인 브랜드로는 자동차 하면 벤츠, BMW, TV 하면 삼성, LG 그리고 명품가방 하면 구찌, 루이비통, 호텔하면 힐튼을 떠올릴 것이다. 브랜드의 명성을 이룩하는 데에는 많은 시간과 엄청난 노력, 품질관리가 필요하다. 그러나 일단 한 번 고급 브랜드 이미지가 구축되면 고가의 상품이라도 판매에는 별 어려움이 없다. 화장품은 특히나 브랜드의 역할이 매우 큰 분야이다. 고급브랜드는 가격이 비싸도 판매가 용이하며, 선물용으로도 선호된다.

브랜드는 상품뿐만 아니라 국가 및 사람의 이름도 될 수 있다. 한국은 신뢰할 수 있는 화장품을 만든다는 믿음이 전 세계에 K-뷰티의 신화를 이룩하였다. 이는 사람 역시 마찬가지이다. '저 사람은 정말 믿을 만하다. 믿고 맡기면 틀림없이 잘 해낸다.'는 것이 브랜드이다. 화장품학을 공부하는 학생들도 본인의 이름인 브랜드 가치를 높일 것을 강력히 추천하는 바이다.

부록

(별표 1–7)

[별표 1] 미네랄 유래 원료

아래 미네랄 유래 원료의 Mono–, Di–, Tri–, Poly–, 염도 사용 가능하다.
구리가루(Copper Powder CI 77400)
규조토(Diatomaceous Earth)
디소듐포스페이트(Disodium Phosphate)
디칼슘포스페이트(Dicalcium Phosphate)
디칼슘포스페이트디하이드레이트(Dicalcium phosphate dihydrate)
마그네슘설페이트(Magnesium Sulfate)
마그네슘실리케이트(Magnesium Silicate)
마그네슘알루미늄실리케이트(Magnesium Aluminium Silicate)
마그네슘옥사이드(Magnesium Oxide CI 77711)
마그네슘카보네이트(Magnesium Carbonate CI 77713(Magnesite))
마그네슘클로라이드(Magnesium Chloride)
마그네슘카보네이트하이드록사이드 (Magnesium Carbonate Hydroxide)
마그네슘하이드록사이드(Magnesium Hydroxide)
마이카(Mica)
말라카이트(Malachite)
망가니즈비스오르토포스페이트(Manganese bis orthophosphate CI 77745)
망가니즈설페이트(Manganese Sulfate)
바륨설페이트(Barium Sulphate)
벤토나이트(Bentonite)
비스머스옥시클로라이드(Bismuth Oxychloride CI 77163)
소듐글리세로포스페이트(Sodium Glycerophosphate)
소듐마그네슘실리케이트(Sodium Magnesium Silicate)
소듐메타실리케이트(Sodium Metasilicate)
소듐모노플루오로포스페이트(Sodium Monofluorophosphate)
소듐바이카보네이트(Sodium Bicarbonate)
소듐보레이트(Sodium borate)
소듐설페이트(Sodium Sulfate)
소듐실리케이트(Sodium Silicate)
소듐카보네이트(Sodium Carbonate)
소듐치오설페이트(Sodium Thiosulphate)
소듐클로라이드(Sodium Chloride)

소듐포스페이트(Sodium Phosphate)
소듐플루오라이드(Sodium Fluoride)
소듐하이드록사이드(Sodium Hydroxide)
실리카(Silica)
실버(Silver CI 77820)
실버설페이트(Silver Sulfate)
실버씨트레이트(Silver Citrate)
실버옥사이드(Silver Oxide)
실버클로라이드(Silver Chloride)
씨솔트(Sea Salt, Maris Sal)
아이런설페이트(Iron Sulfate)
아이런옥사이드(Iron Oxides CI 77480, 77489, 77491, 77492, 77499)
아이런하이드록사이드(Iron Hydroxide)
알루미늄아이런실리케이트(Aluminium Iron Silicates)
알루미늄(Aluminum)
알루미늄가루(Aluminum Powder CI 77000)
알루미늄설퍼이트(Aluminium Sulphate)
알루미늄암모니움설퍼이트(Aluminium Ammonium Sulphate)
알루미늄옥사이드(Aluminium Oxide)
알루미늄하이드록사이드(Aluminium Hydroxide)
암모늄망가니즈디포스페이트(Ammonium Manganese Diphosphate CI 77742)
암모늄설페이트(Ammonium Sulphate)
울트라마린(Ultramarines, Lazurite CI 77007)
징크설페이트(Zinc Sulfate)
징크옥사이드(Zinc oxide CI 77947)
징크카보네이트(Zinc Carbonate, CI 77950)
카올린(Kaolin)
카퍼설페이트(Copper Sulfate, Cupric Sulfate)
카퍼옥사이드(Copper Oxide)
칼슘설페이트(Calcium Sulfate CI 77231)
칼슘소듐보로실리케이트(Calcium Sodium Borosilicate)
칼슘알루미늄보로실리케이트(Calcium Aluminium Borosilicate)
칼슘카보네이트(Calcium Carbonate)
칼슘포스페이트와 그 수화물(Calcium phosphate and their hydrates)
칼슘플루오라이드(Calcium Fluoride)
칼슘하이드록사이드(Calcium Hydroxide)
크로뮴옥사이드그린(Chromium Oxide Greens CI 77288)
크로뮴하이드록사이드그린(Chromium Hydroxide Green CI 77289)

탤크(Talc)
테트라소듐파이로포스페이트(Tetrasodium Pyrophosphate)
티타늄디옥사이드(Titanium Dioxide CI 77891)
틴옥사이드(Tin Oxide)
페릭암모늄페로시아나이드(Ferric Ammonium Ferrocyanide CI 77510)
포타슘설페이트(Potassium Sulfate)
포타슘아이오다이드(Potassium iodide)
포타슘알루미늄설페이트(Potassium aluminium sulphate)
포타슘카보네이트(Potassium Carbonate)
포타슘클로라이드(Potassium Chloride)
포타슘하이드록사이드(Potassium Hydroxide)
하이드레이티드실리카(Hydrated Silica)
하이드록시아파타이트(Hydroxyapatite)
헥토라이트(Hectorite)
세륨옥사이드(Cerium Oxide)
아이런 실리케이트(Iron Silicates)
골드(Gold)
마그네슘 포스페이트(Magnesium Phosphate)
칼슘 클로라이드(Calcium Chloride)
포타슘 알룸(Potassium Alum)
포타슘 티오시아네이트(Potassium Thiocyanate)
알루미늄 실리케이트(Alumium Silicate)

[별표 2] 오염물질

중금속(Heavy metals)
방향족 탄화수소(Aromatic hydrocarbons)
농약(Pesticides)
다이옥신 및 폴리염화비페닐(Dioxins & PCBs)
방사능(Radioactivity)
유전자변형 생물체(GMO)
곰팡이 독소(Mycotoxins)
의약 잔류물(Medicinal residues)
질산염(Nitrates)
니트로사민(Nitrosamines)

상기 오염물질은 자연적으로 존재하는 것보다 많은 양이 제품에서 존재해서는 아니 된다.

[별표 3] 허용 기타원료

다음의 원료는 천연 원료에서 석유화학 용제를 이용하여 추출할 수 있다.

원료	제한
베타인(Betaine)	
카라기난(Carrageenan)	
레시틴 및 그 유도체(Lecithin and Lecithin derivatives)	
토코페롤, 토코트리에놀(Tocophero l / Tocotrienol)	
오리지놀(Oryzanol)	
안나토(Annatto)	
카로티노이드 / 잔토필(Carotenoids / Xanthophylls)	
앱솔루트, 콘크리트, 레지노이드(Absolutes, Concretes, Resinoids)	천연화장품에만 허용
라놀린(Lanolin)	
피토스테롤(Phytosterol)	
글라이코스핑고리피드 및 글라이코리피드(Glycosphingolipids and Glycolipids)	
잔탄검	
알킬베타인	

석유화학 용제의 사용 시 반드시 최종적으로 모두 회수되거나 제거되어야 하며, 방향족, 알콕실레이트화, 할로겐화, 니트로젠 또는 황(DMSO 예외) 유래 용제는 사용이 불가하다.

[별표 4] 허용 합성원료

1. 합성 보존제 및 변성제

원료	제한
벤조익애씨드 및 그 염류(Benzoic Acid and its salts)	
벤질알코올(Benzyl Alcohol)	
살리실릭애씨드 및 그 염류(Salicylic Acid and its salts)	
소르빅애씨드 및 그 염류(Sorbic Acid and its salts)	
데하이드로아세틱애씨드 및 그 염류(Dehydroacetic Acid and its salts)	
데나토늄벤조에이트, 3급부틸알코올, 기타 변성제(프탈레이트류 제외)(Denatonium Benzoate and Tertiary Butyl Alcohol and other denaturing agents for alcohol(excluding phthalates))	(관련 법령에 따라) 에탄올에 변성제로 사용된 경우에 한함
이소프로필알코올(Isopropylalcohol)	
테트라소듐글루타메이트디아세테이트(Tetrasodium Glutamate Diacetate)	

2. 천연유래와 석유화학 부분을 모두 포함하고 있는 원료

분류	사용 제한
디알킬카보네이트(Dialkyl Carbonate)	
알킬아미도프로필베타인(Alkylamidopropylbetaine)	
알킬메틸글루카미드(Alkyl Methyl Glucamide)	
알킬암포아세테이트 / 디아세테이트(Alkylamphoacetate / Diacetate)	
알킬글루코사이드카르복실레이트(Alkylglucosidecarboxylate)	
카르복시메틸-식물 폴리머(Carboxy Methyl-Vegetal polymer)	
식물성 폴리머-하이드록시프로필트리모늄클로라이드(Vegetal polymer- Hydroxypropyl Trimonium Chloride)	두발/수염에 사용하는 제품에 한함
디알킬디모늄클로라이드(Dialkyl Dimonium Chloride)	두발/수염에 사용하는 제품에 한함
알킬디모늄하이드록시프로필하이드로라이즈드식물성단백질(Alkyldimonium Hydroxypropyl Hydrolyzed Vegetal protein)	두발/수염에 사용하는 제품에 한함

석유화학 부분(petrochemical moiety의 합)은 전체 제품에서 2%를 초과할 수 없다. 석유화학 부분은 다음과 같이 계산한다.

석유화학 부분(%) = 석유화학 유래 부분 몰중량 / 전체 분자량 × 100
이 원료들은 유기농이 될 수 없다.

[별표 5] 제조공정

1. 허용되는 공정

가. 물리적 공정

물리적 공정 시 물이나 자연에서 유래한 천연 용매로 추출해야 한다.

구분	공정명	비고
물리적 공정	흡수(Absorption) / 흡착(Adsorption)	불활성 지지체
	탈색(Bleaching) / 탈취(Deodorization)	불활성 지지체
	분쇄(Grinding)	
	원심분리(Centrifuging)	
	상층액분리(Decanting)	
	건조(Desiccation and Drying)	
	탈(脫)고무(Degumming) / 탈(脫)유(De-oiling)	
	탈(脫)테르펜(Deterpenation)	증기 또는 자연적으로 얻어지는 용매 사용
	증류(Distillation)	자연적으로 얻어지는 용매 사용(물, CO_2 등)
	추출(Extractions)	자연적으로 얻어지는 용매 사용(물, 글리세린 등)
	여과(Filtration)	불활성 지지체
	동결건조(Lyophilization)	
	혼합(Blending)	
	삼출(Percolation)	
	압력(Pressure)	
	멸균(Sterilization)	열처리
	멸균(Sterilization)	가스 처리(O_2, N_2, Ar, He, O_3, CO_2 등)
	멸균(Sterilization)	UV, IR, Microwave
	체로 거르기(Sifting)	

(계속)

구분	공정명	비고
물리적 공정	달임(Decoction)	뿌리, 열매 등 단단한 부위를 우려냄
	냉동(Freezing)	
	우려냄(Infusion)	꽃, 잎 등 연약한 부위를 우려냄
	매서레이션(Maceration)	정제수나 오일에 담가 부드럽게 함
	마이크로웨이브(Microwave)	
	결정화(Settling)	
	압착(Squeezing) / 분쇄(Crushing)	
	초음파(Ultrasound)	
	UV 처치(UV Treatments)	
	진공(Vacuum)	
	로스팅(Roasting)	
	탈색(Decoloration, 벤토나이트, 숯가루, 표백토, 과산화수소, 오존 사용)	

나. 화학적 · 생물학적 공정

석유화학 용제의 사용 시 반드시 최종적으로 모두 회수되거나 제거되어야 하며, 방향족, 알콕실레이트화, 할로겐화, 니트로젠 또는 황(DMSO 예외) 유래 용제는 사용이 불가하다.

구분	공정명	비고
화학적 · 생물학적 공정	알킬화(Alkylation)	
	아마이드 형성(Formation of amide)	
	회화(Calcination)	
	탄화(Carbonization)	
	응축 / 부가(Condensation / Addition)	
	복합화(Complexation)	
	에스텔화(Esterification) / 에스테르결합전이반응(Transesterification) / 에스테르교환(Interesterification)	
	에텔화(Etherification)	

(계속)

구분	공정명	비고
화학적 · 생물학적 공정	생명공학기술(Biotechnology) / 자연발효(Natural fermentation)	
	수화(Hydration)	
	수소화(Hydrogenation)	
	가수분해(Hydrolysis)	
	중화(Neutralization)	
	산화 / 환원(Oxydization / Reduction)	
	양쪽성물질의 제조공정(Processes for the Manufacture of Amphoterics)	아마이드, 4기화반응(Formation of amide and Quaternization)
	비누화(Saponification)	
	황화(Sulphatation)	
	이온교환(Ionic Exchange)	
	오존분해(Ozonolysis)	

2. 금지되는 공정

구분	공정명	비고
금지되는 제조공정	탈색, 탈취(Bleaching-Deodorisation)	동물 유래
	방사선 조사(Irradiation)	알파선, 감마선
	설폰화(Sulphonation)	
	에틸렌 옥사이드, 프로필렌 옥사이드 또는 다른 알켄 옥사이드 사용 (Use of ethylene oxide, propylene oxide or other alkylene oxides)	
	수은화합물을 사용한 처리 (Treatments using mercury)	
	포름알데하이드 사용(Use of formaldehyde)	

[별표 6] 세척제에 사용가능한 원료

과산화수소(Hydrogen peroxide / their stabilizing agents)
과초산(Peracetic acid)
락틱애씨드(Lactic acid)
알코올(이소프로판올 및 에탄올)
계면활성제(Surfactant)
- 재생가능
- EC50 or IC50 or LC50 〉 10 mg/l
- 혐기성 및 호기성 조건하에서 쉽고 빠르게 생분해 될 것(OECD 301 〉 70% in 28 days)
- 에톡실화 계면활성제는 상기 조건에 추가하여 다음 조건을 만족하여야 함
  · 전체 계면활성제의 50% 이하일 것
  · 에톡실화가 8번 이하일 것
  · 유기농화장품에 혼합되지 않을 것
석회장석유(Lime feldspar-milk)
소듐카보네이트(Sodium carbonate)
소듐하이드록사이드(Sodium hydroxide)
시트릭애씨드(Citric acid)
식물성 비누(Vegetable soap)
아세틱애씨드(Acetic acid)
열수와 증기(Hot water and Steam)
정유(Plant essential oil)
포타슘하이드록사이드(Potassium hydroxide)
무기산과 알칼리(Mineral acids and alkalis)

[별표 7] 천연 및 유기농 함량 계산 방법

1. 천연 함량 계산 방법

천연 함량 비율(%) = 물 비율 + 천연 원료 비율 + 천연유래 원료 비율

2. 유기농 함량 계산 방법

유기농 함량 비율은 유기농 원료 및 유기농유래 원료에서 유기농 부분에 해당되는 함량 비율로 계산한다.

가. 유기농 인증 원료의 경우 해당 원료의 유기농 함량으로 계산한다.

나. 유기농 함량 확인이 불가능한 경우 유기농 함량 비율 계산 방법은 다음과 같다.

1) 물, 미네랄 또는 미네랄유래 원료는 유기농 함량 비율 계산에 포함하지 않는

다. 물은 제품에 직접 함유되거나 혼합 원료의 구성요소일 수 있다.

2) 유기농 원물만 사용하거나, 유기농 용매를 사용하여 유기농 원물을 추출한 경우 해당 원료의 유기농 함량 비율은 100%로 계산한다.

3) 수용성 및 비수용성 추출물 원료의 유기농 함량 비율 계산 방법은 다음과 같다. 다만, 용매는 최종 추출물에 존재하는 양으로 계산하며 물은 용매로 계산하지 않고, 동일한 식물의 유기농과 비유기농이 혼합되어 있는 경우 이 혼합물은 유기농으로 간주하지 않는다.

- 수용성 추출물 원료의 경우

  1단계: 비율(ratio) = [신선한 유기농 원물 / (추출물 - 용매)]

  비율(ratio)이 1 이상인 경우 1로 계산

  2단계: 유기농 함량 비율(%) = {[비율(ratio) × (추출물 - 용매) /추출물] + [유기농 용매 / 추출물]} × 100

- 물로만 추출한 원료의 경우

  유기농 함량 비율(%) = (신선한 유기농 원물 / 추출물) × 100

- 비수용성 원료인 경우

  유기농 함량 비율(%) = (신선 또는 건조 유기농 원물 + 사용하는 유기농 용매) / (신선 또는 건조 원물 + 사용하는 총 용매) × 100

- 신선한 원물로 복원하기 위해서는 실제 건조 비율을 사용하거나(이 경우 증빙자료 필요) 중량에 아래 일정 비율을 곱해야 한다.

나무, 껍질, 씨앗, 견과류, 뿌리	1 : 2.5
잎, 꽃, 지상부	1 : 4.5
과일(예: 살구, 포도)	1 : 5
물이 많은 과일(예: 오렌지, 파인애플)	1 : 8

4) 화학적으로 가공한 원료의 경우(예: 유기농 글리세린이나 유기농 알코올의 유기농 함량 비율 계산)

유기농 함량 비율(%) = {(투입되는 유기농 원물 - 회수 또는 제거되는 유기농 원물) / (투입되는 총 원료 - 회수 또는 제거되는 원료)} × 100

최종 물질이 1개 이상인 경우 분자량으로 계산한다.

부록 2 연습문제 해답

1-1 인체를 청결·미화하여 매력을 더하고 용모를 밝게 변화시키거나 피부·모발의 건강을 유지 또는 증진하기 위하여 인체에 바르고 문지르거나 뿌리는 등 이와 유사한 방법으로 사용되는 물품으로서 인체에 대한 작용이 경미한 것을 말한다. 다만, 「약사법」 제2조제4호의 의약품에 해당하는 물품은 제외한다.

1-2 가. 피부의 미백에 도움을 주는 제품
나. 피부의 주름개선에 도움을 주는 제품
다. 피부를 곱게 태워주거나 자외선으로부터 피부를 보호하는 데에 도움을 주는 제품
라. 모발의 색상 변화·제거 또는 영양공급에 도움을 주는 제품
마. 피부나 모발의 기능 약화로 인한 건조함, 갈라짐, 빠짐, 각질화 등을 방지하거나 개선하는 데에 도움을 주는 제품

1-3 가. 제조 또는 수입된 화장품의 내용물에 다른 화장품의 내용물이나 식품의약품안전처장이 정하는 원료를 추가하여 혼합한 화장품
나. 제조 또는 수입된 화장품의 내용물을 소분(小分)한 화장품. 다만 고형비누 등 총리령으로 정하는 화장품의 내용물을 단순 소분한 화장품은 제외한다.

2-1 각질층, 투명층, 과립층, 가시층, 기저층

2-2 줄기세포로부터 핵이 소실되어 각질층의 세포가 되고 이후 피부에서 탈락되는 현상

2-3 섬유아세포, 콜라겐, 엘라스틴, 히아루론산 등

2-4 콜라겐은 인체에서 가장 많은 양이 존재하는 단백질로서 3중 가닥의 모양을 형성하여 피부조직의 장력을 유지하게 해준다. 콜라겐은 그 구성 아미노산 배열에도 특이한 점이 있는데 Glycine, Proline, Alanine, Hydroxyproline의 함량이 매우 높다.

2-5 털의 주요 구성성분은 2가닥으로 꼬여진 케라틴단백질이며, 특히 시스틴과 글루타민산의 비중이 높다.

3-1 사춘기의 남성호르몬 과다분비, 피지 과잉생산, 피지선의 입구가 좁아지며, *Propionibacterium acnes* 균의 과잉성장, 피부장벽이상 등

3-2 아토피는 꽃가루, 집먼지 진드기 항원 등의 알레르기 유발원인에 대해 인체 면역계가 적절히 대체하지 못하여 급성과 만성이 반복적으로 나타남. 특히 세포성 면역활동에 관여하는 Th1 세포의 활성은 억제되어 있고, 체액성 면역과 연관된 Th2 세포의 활성이 크게 증가됨.

3-3 피지의 생산이 매우 활발한 상태에서 *Malassezia*와 같은 곰팡이, *Propionibacterium*, *Staphylococcus*와 같은 세균이 대량번식되면서 대사산물이 생산되고, 이들이 비듬형성에 기여할 것으로 추측됨.

3-4 암은 누적되는 악성외부환경의 축적으로 핵내의 DNA가 변경되고 이것이 계속 쌓이면서 단백질이 변성되고 이어서 암이 발생되는 것으로 추측되고 있다. 대표적인 피부암으로는 흑색종(Melanoma), 편평세포암(squamous cell carcinoma) 등이 있다.

4-1 가용화는 소량의 오일성분이 계면활성제에 의해 투명하게 용해된 상태의 제품을 말한다. 화장수, 향수 등이 대표적이다.

4-2 유화는 오일성분이 물에 계면활성제에 의해 우유빛으로 백탁화된 상태의 제품을 말한다. 유화에는 수중유형유화, 유형수중유화와 다상유화형이 존재한다. 로션, 크림이 대표적이다.

4-3 HLB = 친수기 분자량 / 전체 분자량 × 20

5-1 나프탈렌, 납, 수은, 벤젠, 요오드, 히드로퀴논, 항생물질 등

5-2 화장품에 사용되는 원료명, 물리화학적 특성, 소재의 안전성, 유효성정보들을 취합한 자료

International Cosmetic Ingredient Dictionary and Handbook, The Official Cosmetic Ingredient Database in EU 등

5-3 납, 니켈, 수은 등의 중금속 허용한도가 있다. 미생물한도는 다음 각 호와 같다.

1. 총호기성생균수는 영·유아용 제품류 및 눈화장용 제품류의 경우 500개/g(mL) 이하
2. 물휴지의 경우 세균 및 진균수는 각각 100개/g(mL) 이하
3. 기타 화장품의 경우 1,000개/g(mL) 이하
4. 대장균(*Escherichia Coli*), 녹농균(*Pseudomonas aeruginosa*), 황색포도상구균(*Staphylococcus aureus*)은 불검출

5-4 화장품 안전기준 등에 관한 규정 별표2에 지정하고 있으며 보존제, 자외선 차단제 및 염모제 등이 있다.

6-1 정제수, 에틸알코올, 프로필렌 글리콜, 솔비톨, 피롤리돈 카르복시산 등

6-2 올리브유, 밀납, 라놀린, 바세린, 세틸알코올, 실리콘오일 등

6-3 알킬황산에스테르염, 염화알킬트리메틸암모늄, 알킬디메틸아미노초산베타인, 레시틴, 트윈 등

6-4 메틸파라벤, 페녹시에탄올, 자몽씨 추출물 등

6-5 ① 천연화장품은 별표 7에 따라 계산했을 때 중량 기준으로 천연함량이 전체 제품에서 95% 이상으로 구성되어야 한다. ② 유기농화장품은 별표 7에 따라 계산하였을 때 중량 기준으로 유기농 함량이 전체 제품에서 10% 이상이어야 하며, 유기농 함량을 포함한 천연 함량이 전체 제품에서 95% 이상으로 구성되어야 한다. ③ 천연 및 유기농 함량의 계산 방법은 별표 7과 같다.

6-6 C6-C3-C6의 구조를 가진 화합물, 천연 항산화제로서 화장품에 널리 사용됨.

6-7 염료(dye)는 물 또는 오일에 녹는 색소이며, 안료는 분말형태의 색소이다.

레이크(lake)란 수용성 염료를 알루미늄, 마그네슘, 칼슘 등의 염과 반응시켜 물과 오일에 녹지 않게 만든 것을 말한다.

7-1 닥나무추출물, 알부틴, 에틸아스코빌에텔, 유용성감초추출물, 아스코빌글루코사이드, 마그네슘아스코빌포스페이트, 나이아신아마이드, 알파-비사보롤, 아스코빌테트라이소팔미테이트

7-2 레티놀, 레티닐팔미테이트, 아데노신, 폴리에톡실레이티드레틴아마이드

7-3 효력시험자료 - tyrosinase 활성저해시험, DOPA 산화활성저해시험, 세포내의 멜라닌생성저해시험
인체적용시험자료 - 인공색소 침착 후 미백효과평가시험, 과색소 침착증에서 미백효과평가시험

7-4 효력시험자료 - 세포 내 콜라겐 생성시험, 세포 내 콜라게나제 활성 억제시험, 엘라스타제 활성 억제 시험
인체적용시험자료 - 피부주름의 측정 평가

7-5 SPF는 자외선 UVB에 대해
SPF = 제품 도포부위의 최소홍반량(MEDp)/무도포부위의 최소홍반량(MEDu)
PFA는 자외선 UVA에 대해
PFA = 제품도포부위의 최소지속형즉시흑화량/제품무도포부위의 최소지속형즉시흑화량

7-6 항염증성 소재는 과도한 염증 반응의 결과 발생하는 피부질환을 억제하려는 목적으로 사용되는 소재.

8-1 단회투여독성시험, 1차피부자극시험, 안점막자극 또는 기타점막자극시험, 피부감작성시험, 광독성 및 광감작성시험, 인체첩포시험

8-2 In vitro 3T3 NRU 광독성시험법, DA법을 이용한 국소림프절시험, 인체피부모델을 이용한 피부자극시험법 등

8-3 장기보존시험, 가속시험, 가혹시험, 개봉 후 안정성시험

9–1 에피갈로카테킨(EGC), 에피갈로카테킨갈레이트(EGCG), 에피카테킨(EC) 및 에피카테킨갈레이트(ECG)

9–2 『동의보감』(1610년 완성)은 허준이 제작하였으며 그 구성은 목차 2권, 의학 내용 23권으로 이루어져 있고, 의학 내용은 내경편(內景篇)(6권), 외형편(外形篇)(4권), 잡병편(雜病篇)(11권), 탕액편(湯液篇)(3권), 침구편(鍼灸篇)(1권)의 5편으로 구성되어 있다.

9–3

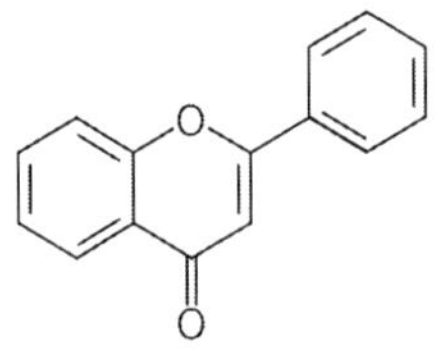

9–4

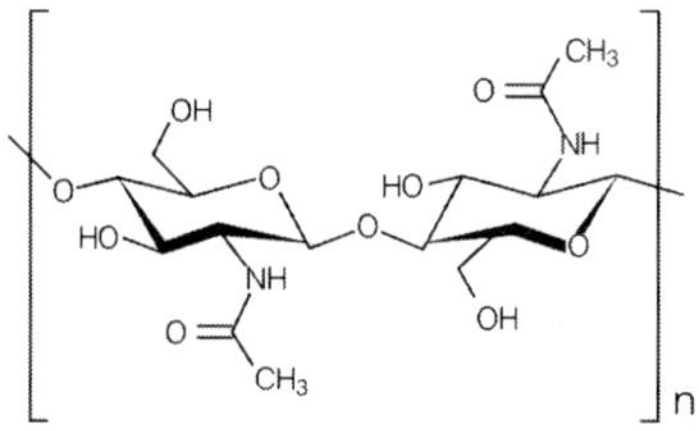

9–5 선태식물, 양치식물, 겉씨식물, 속씨식물

9–6 1차 대사산물은 식물의 활동에 필수적인 요소들로 지방, 단백질과 탄수화물로 구분할 수 있다. 2차 대사산물은 식물의 생장에는 반드시 필요하지 않으나 곤충이나 초식동물들이 잎을 먹었을 때 쓴맛을 내도록 하거나 자외선으로부터 식물을 보호하고, 곰팡이 등의 침입으로부터 식물체를 방어하며 꽃의 수분을 원활히 하는 역할 등을 수행한다. 2차 대사산물은 크게 터펜류, 배당체, 폴리페놀 및 알칼로이드로 구분할 수 있다.

10–1 이 시험은 화장품 중 존재하는 호기성 세균 및 진균의 수를 측정하는 시험으로 식품의약품안전처 가이드라인 중 화장품 미생물한도 시험법에 따른다.

10–2 각각의 표준액을 조작조건에 따라 유도결합플라즈마–질량분석기(ICP–MS)

에 주입하여 얻은 카드뮴의 검량선을 가지고 검액 중 카드뮴의 양을 측정한다.

10-3 성상: 무색투명한 액으로서 냄새는 없다.
순도시험: 유기체탄소 시험할 때 0.50 mg/L 이하이다.
전도율: 다음 방법으로 시험할 때 25 ℃에서 전도율은 2.1 μS/cm 이하이다.

10-4 세포독성시험(MTT Assay)은 살아있는 세포를 미토콘드리아의 침전물정량을 통해 측정하는 실험이다. B16F10 cell을 4 × 10^5 cell/mL씩 분주하여 24시간 배양 후 100 - 1,000 μg/mL의 농도로 희석한 추출물의 시료가 첨가된 새 배지로 교체하고 다시 24시간 동안 배양한다. 여기에 EZ-Cytox를 각 well당 10 μL를 첨가한 후 37 ℃, 5% CO_2 Incubator에서 1시간 동안 배양 후, 450 nm에서 ELISA reader로 흡광도를 측정한다.

10-5 DPPH에 존재하는 자유라디칼을 화장품 소재가 제거함으로써 색이 변하는 현상을 이용한 시험법이다.

10-6 화장품에 배합되는 방부제의 항세균 및 항진균효과를 시험하는 방법이며 디스크확산법(disc diffusion method)이 대표적이다.

10-7 빛은 굴절률이 다른 두 물질을 통과할 때 꺾이는 현상이 발생한다. 굴절률은 아베굴절계(Abbe refractometer)를 이용하여 측정되며, 이와 같은 굴절률을 이용하면 일정한 품질의 화장품의 제조를 위한 품질관리에 널리 이용될 수 있다.

11-1 화장품의 명칭, 영업자의 상호 및 주소, 해당 화장품 제조에 사용된 모든 성분 내용물의 용량 또는 중량, 제조번호, 사용기한 또는 개봉 후 사용기간, 가격 등

11-2 제품표준서, 제조관리기준서, 품질관리기준서 및 제조위생관리기준서

11-3 화장품 안전기준 등에 관한 규정, 우수화장품 제조 및 품질관리기준, 화장품의 색소 종류와 기준 및 시험방법, 기능성화장품 기준 및 시험방법, 맞춤형화장품판매업자의 준수사항에 관한 규정 등

11-4 화장품의 미생물한도 시험법, 기능성화장품의 유효성평가를 위한 가이드라인, 화장품 위해평가, 화장품 안정성시험 등

참고문헌

1. 김주덕 외, 신화장품학, 동화기술, 2008.
2. 대한피부과학회 교과서 편찬위원회, 피부과학 6판, 대한의학 2015.
3. 김진우, 이광훈, 아토피피부염, 군자출판사, 2017.
4. 천연물화학 교재편찬위원회, 천연물화학, 영림사, 2004.
5. 홍승환, 박상대, 필수세포 생물학, 교보문고, 2018.
6. 대한병리학회, 병리학, 고문사, 2017.
7. Sim Haeun, Bioactive property of Sargassaceae extract as functional cosmetic material, Master Thesis, Inje Univ., 2019.
8. Hyun-woo Kim, *Momordica charantia* extract as funtional cosmetic agent, Master Thesis, Inje Univ., 2014.
9. 김희진, 연 뿌리 추출물로부터 미백 및 주름개선 소재의 탐색, 인제대 석사학위 논문, 2008.
10. Ta-Gon Kim, Development of new functional cosmetic agent from porcine placenta and amniotic fluid, Master Thesis, Inje Univ., 2011.
11. Danbi Hwang, A Study on the Functional Cosmetic Agent of Fermented Poncıri Fructus Extract, Master Thesis, Inje Univ., 2015.
12. Hye-jin Shin, Development of cosmetic agent from Allium hookeri, Master Thesis, Inje Univ., 2015.
13. 하헌용, 안병용, 한약학개론, 정문각, 2005.
14. 박종철, 한방건강기능식품학, 효일, 2007.
15. https://en.wikipedia.org/
16. 한글 위키백과 https://ko.wikipedia.org/wiki/%ED%95%9C%EA%B8%80
17. 나무위키 https://namu.wiki/w/%EB%8F%99%EC%9D%98%EB%B3%B4%EA%B0%90
18. 김동욱, 노대영 외, 보름달물해파리의 추출 방법 및 이에 의하여 추출된 보름달물해파리 추출물을 함유하는 수면팩 조성물, 특허등록, 등록번호

10-1927080

19. 김동욱, 심하은, 노대영 외, 쉘락을 이용한 손발톱용 저자극 매니큐어 조성물 및 그의 제조방법, 특허등록, 등록번호 10-2106212

20. Kandel 신경과학의 원리, 강봉균 외, 범분에듀케이션, 2017.

21. 심하은, 노대영, 김동욱 외, 젤라틴을 함유한 저자극 ·친환경 매니큐어 개발, Korean Chem.Eng.Res.. 57, 2, 2019.

22. 노대영, 김동욱 외, 황벽나무, 두충나무 등을 포함한 천연 추출물의 항균력 및 안전성, Korean Chem. Eng. Res., 54(6), 762, 2016.

23. 한동균, 노대영, 김동욱, 괭이밥과 추출물의 기능성화장품 소재로서의 특성, Korean Chem. Eng. Res., 56(3), 309, 2018.

24. (주)더마프로/피부과학연구소, 인체시험결과 보고서, 아마란스 프라센타 PP크림의 피부주름 개선효과 평가시험, 2011.

25. William G. Hopkins, Norman P.A. Huner, Plant Physiology, 3rd Ed., Wiley, 2004.

26. 이승철, 피부질환의 약물과 치료, 대한의약, 2018.

27. Charles N. Serhan, Peter A, Ward and Derek, W. Gilroy, Fundamentals of Inflammation, Cambridge Univ. Press, 2010.

28. C. Grittiths, et al., Rook's Textbook of Dermatology, 10th Ed., Wiley Blackwell, 2024

29. Loscalzo et al.. Principles of Internal Medicine, 21st Ed., McGraw Hill, 2022.

저자 소개

김동욱

고려대학교 화학공학과 졸업(1983)
Illinois Institute of Technology, 화학공학 박사(1990)
한국화학공학회 공업화학부문 위원장(2011~2012)
전) 인제대학교 제약공학과 교수
전) 한국제약공학회 회장

소재를 중심으로 한 화장품학 제3판

저 자 김동욱
발 행 인 김지영
발 행 처 자유아카데미
주 소 경기도 파주시 회동길 37-42
파주출판도시
전 화 031-955-1321
팩 스 031-955-1322
홈페이지 www.freeaca.com
전자우편 main@freeaca.com (대표)
editor@freeaca.com (편집)
crm@freeaca.com (영업)
등 록 제406-2003-017호, 1980. 7. 12
제3판1쇄 2026년 1월 15일 발행

저자와의
협의하에
인지생략

ISBN 979-11-5808-797-5 93590